L'ÉVOLUTION
VUE PAR UN BOTANISTE

Du même auteur

Voir en p. 323

Jean-Marie Pelt

L'évolution vue par un botaniste

Fayard

Jean-Marie Pelt remercie tout particulièrement son regretté collègue et ami Jean-Claude Hayon, auteur des photographies qui illustrent ce livre.

Couverture Atelier Didier Thimonier
Photo © Patrick Lome/JACANA

ISBN : 978-2-213-65542-0

Dépôt légal : janvier 2011

Pour mon regretté ami Pierre Marlin,
qui fut pour moi comme un frère,
en souvenir de nos expéditions botaniques
en Afghanistan et au Cachemire.

Pour mon fidèle collaborateur Franck Steffan
qui conjugue avec bonheur l'écologie
de la nature et l'écologie humaine.

SOMMAIRE

TROISIÈME PARTIE
Pistes évolutives propres aux plantes à fleurs

QUATRIÈME PARTIE
Réflexions sur l'évolution

EN GUISE D'INTRODUCTION

Parcours de botaniste

L'évolution est pour moi une longue histoire. Très tôt sensible aux splendeurs florales de l'été et aux parfums suaves des roses, des iris et des lys, mais aussi des tilleuls et des troènes, j'acquis le goût des plantes dans le jardin de mon grand-père. Ma mémoire affective s'enrichit de ces odeurs, à l'instar de Proust se remémorant sa fameuse madeleine trempée dans du thé. Du rose tendre des églantines au rouge cramoisi des coquelicots et des pivoines, en passant par l'azur des bluets ou des humbles véroniques, les couleurs des fleurs m'enchantaient. Les tableaux de moisson de nos Impressionnistes, piquetés de blanc et de rouge, de bleu et de violet, me réjouissaient l'œil. Qu'en serait-il aujourd'hui, alors que les herbicides sont passés par là, qui ont détruit ces petites fleurs sauvages, nourriture des abeilles ? Ces « messicoles », fidèles accompagnatrices de nos céréales, sont désormais boutées hors des champs.

Je débutai mes études à la faculté de pharmacie de Nancy en 1952. Je savais pouvoir y approfondir l'étude des deux disciplines qui m'avaient le plus passionné durant mes études secondaires : la chimie et la biologie. Curieux de toutes les formes de rangement qui entendaient, comme on disait alors, « mettre de l'ordre » dans la nature, je me familiarisai avec la classification périodique des éléments du Russe Mendeleïev, émerveillé de ce que la position d'un atome dans ce tableau permît d'en déduire les propriétés. Mais il y avait aussi la classification des plantes, qui nous était enseignée par le professeur Robert Franquet. Je lui suis reconnaissant de m'avoir inculqué le virus de l'évolution. Assistant au Muséum national d'histoire naturelle de Paris avant de professer à Nancy, M. Franquet avait suivi l'enseignement de Pierre Teilhard de Chardin à l'Institut catholique de Paris. Ils n'étaient cette année-là que deux étudiants à suivre ce cours : lui-même et la fille du président Édouard Herriot, maire de Lyon pendant plus d'un demi-siècle. On conçoit que ce quasi-tête-à-tête avec Teilhard ait pu fortement influencer son si modeste auditoire. Quoi qu'il en soit, c'est à travers un cours de botanique que l'évolution allait devenir pour moi un concept familier.

L'idée d'évolution ne me quitterait plus tout au long des soixante ans qui me séparent de ces premiers émois intellectuels.

À la fin de mes études de pharmacie, je décidai d'entreprendre, parallèlement à la préparation de ma thèse, une licence à la faculté des sciences de Nancy. Notre professeur, excellent pédagogue, nous servait une botanique exclusivement descriptive, s'organisant autour d'une multitude de descriptions et de diagrammes floraux à retenir par cœur. Les fleurs étaient décrites les unes après les autres en de longues et ennuyeuses monographies. À mon plus vif étonnement, l'idée d'évolution était de prime abord étrangère à cet enseignement. Je compris alors pourquoi la botanique avait à ce point rebuté des générations entières de jeunes scientifiques. L'étude de la disposition respective des pétales et des sépales, des étamines et des pistils, à travers la multitude des architectures florales, se poursuivait sans que fussent jamais évoquées l'émergence et l'évolution de ces formes et de ces structures au long des temps géologiques. Curieusement, ni en pharmacie ni en sciences naturelles je n'entendis prononcer le nom de Darwin. J'avais, il est vrai, contourné le certificat de zoologie, ne me sentant pas apte à disséquer les animaux en travaux pratiques. Lacune gravissime que j'eus bien du mal à combler par la suite…

Pour le professeur Franquet, en revanche, l'évolution était un fait établi qui n'appelait aucune discussion. Et, pour enfoncer le clou, il invita un jour le professeur Delsol à donner une conférence sur les mécanismes de l'évolution. Delsol était un darwinien de haut vol. Il exposa avec un rare talent la théorie classique selon laquelle les êtres vivants sont susceptibles de présenter des mutations sélectionnées par le milieu lorsqu'elles sont favorables. C'est ainsi que des formes nouvelles voient le jour. La démonstration de Delsol me parut limpide et convaincante, et j'adhérai avec enthousiasme au néodarwinisme, possédant désormais – du moins le pensais-je alors – une clef pour comprendre *tous* les mécanismes à l'œuvre dans la nature. Qu'il s'agît là d'une théorie susceptible d'être un jour, ne serait-ce que partiellement, remise en cause par tel ou tel fait nouveau découvert par les chercheurs, la chose ne m'effleura pas un seul instant. J'acceptai avec la même conviction, et sans aucun esprit critique, et les faits évolutifs tels qu'ils nous étaient enseignés, et la théorie en rendant compte.

Succédant à la chaire de botanique au professeur Franquet qui m'avait tant apporté, je construisis mon cours sur ces concepts, confirmés et renforcés par de nouvelles connaissances, en particulier par les écrits des professeurs Georges Mangenot et Louis Emberger, éminents botanistes l'un et l'autre. Puis je décidai de publier ce cours, illustré par les merveilleuses diapositives de mon regretté collègue et ami Jean-Claude Hayon. Nous étions alors en 1970. Mai 68 était passé par là, d'où cette suggestion de mon éditeur de ne pas titrer l'ouvrage, comme je l'avais imaginé, « Évolution et reproduction des plantes », mais plutôt *Évolution et sexualité des plantes*[1]. De fait, c'est bien de sexualité qu'il s'agit, puisque l'évolution des végétaux, des algues aux plantes à fleurs, est axée pour l'essentiel sur le perfectionnement constant de l'appareil sexuel. Nommé entre-temps à l'université de Metz créée dans la mouvance des événements de 1968, je récidivai en publiant en 1980 un ouvrage sur le même thème, mais plus approfondi et documenté. Son titre, *Les Plantes : amours et civilisations végétales*[2], inspiré par l'éditeur, lui valut un certain succès. Il m'occasionna cependant une certaine bouderie d'une partie du milieu scientifique, dérouté par ce titre quelque peu racoleur, et plus encore par les comparaisons que j'y développais entre les sociétés végétales et les sociétés humaines. J'avais compris dès cette époque l'universalité des lois de la Vie s'appliquant à l'ensemble du monde vivant, sans pour autant nier la singularité de l'émergence humaine. D'où des analogies et des homologies pertinentes et suggestives. Cette manière de voir, qu'un Linné n'aurait pas désavouée, contribua à rapprocher le public du monde des plantes, souvent perçu comme éloigné de nous et radicalement différent. Par là, les plantes devenaient de « vrais » êtres vivants pour le commun des mortels.

1. Horizons de France, 1970.
2. Paris, Fayard, 1980.

Je rencontrai alors un réalisateur de télévision d'un immense talent, mon regretté ami Jean-Pierre Cuny, qui me proposa de porter ce livre et ces idées à la télévision. Ainsi débuta « L'aventure des plantes ». Nous réalisâmes ensemble deux séries de treize films de vingt-six minutes chacun, diffusées par TF1 en 1982 et 1986. En réglant les caméras pour filmer les plantes image par image, et non en continu comme il est d'usage, on voyait celles-ci s'animer : leurs mouvements imperceptibles paraissaient s'accélérer, les fleurs s'épanouissaient en quelques secondes, et, par cet artifice, le monde végétal révélait une vitalité insoupçonnée. Les plantes bougeaient ! Passant au peigne fin les trésors des cinémathèques étrangères, nous en rapportâmes des « images fortes » qui contribuèrent au succès de la série, rehaussée en outre par des dessins animés, sortes de comptines où les plantes exprimaient leur « personnalité » et l'ardeur de leurs « amours ». Des reportages sur le terrain et des tournages en divers jardins botaniques figuraient aussi au menu de ces films. Un générique suggestif et un accompagnement musical choisi après maintes auditions contribuèrent à personnaliser cette œuvre[1].

Ces films connurent un vif succès et furent diffusés à peu près partout dans le monde : Europe, Russie, Amérique latine, Afrique, Japon, Inde, Sud-Est

1. Les deux séries de « L'aventure des plantes » sont consultables et téléchargeables sur Internet (site de l'INA).

asiatique, etc., avec une mention particulière pour le Maghreb, le Proche- et le Moyen-Orient arabes dont on nous avait dit qu'on y apprécierait particulièrement ces histoires de sexe ne mettant en scène que des fleurs ! Deux grands pays cependant nous boudèrent : la Chine qui, à l'époque, n'était pas encore ouverte au monde occidental et les États-Unis qui jetèrent leur dévolu non pas sur les films, mais sur moi, qu'ils espéraient appâter par la perspective de rémunérations mirobolantes si j'acceptais de me dépayser et de me transporter à Miami, l'un des sièges de PBS, une chaîne publique américaine, pour y réaliser, avec ce qu'ils appelaient « de gros moyens », une suite à nos aventures botaniques. Mon attachement atavique à ma Lorraine natale fit que je déclinai sur-le-champ cette invitation. J'expliquai aux émissaires venus me rencontrer à Metz, à l'Institut européen d'écologie, dans notre cloître des Récollets, que, à l'instar des Grecs anciens, la perspective d'un bannissement était à mes yeux pire que la mort, ce qui laissa ces Américains pantois. Goûtèrent-ils l'humour du propos ? Je ne sais.

Pendant toutes ces années, je ne cessais de réfléchir aux mécanismes de l'évolution, car celle-ci, en elle-même, m'avait toujours paru d'une évidence incontournable. Je rédigeai des notes et, en 1996, publiai *De l'univers à l'être*[1], où j'élargissais le concept d'évolution au monde inanimé, en amont

1. Paris, Fayard.

de l'évolution biologique, et aux sociétés humaines en aval. Je fis de même pour le concept de diversité. J'« encadrai » la biodiversité en proposant deux néologismes : la « cosmodiversité », en amont, pour rendre compte de l'incroyable diversité des objets célestes peuplant l'univers, et l'« ethnodiversité », en aval, pour traduire la diversité propre aux sociétés humaines, celle des ethnies, des cultures, des traditions, des langues, des religions…

Comme l'évolution, la diversité est une loi constitutive de la nature. Elle est le reflet du déploiement de la multiplicité des êtres, animés ou non, dans l'espace, au temps T, c'est-à-dire aujourd'hui. L'évolution, elle, introduit la profondeur du temps : elle décrit l'histoire de l'univers en deçà et depuis l'apparition de la vie. Il me paraissait dès lors impossible de comprendre un fait, une situation sans en connaître l'origine, c'est-à-dire son enracinement dans l'histoire, dans la chaîne du temps, et son environnement, son écologie, c'est-à-dire son insertion, sa place dans l'espace. L'histoire et la géographie, qui illustrent ces deux points de vue complémentaires, avaient été aussi pour moi des disciplines de prédilection au lycée ; elles le sont toujours, à l'instar de l'évolution (l'histoire) et de l'écologie (la géographie), même si elles se marient de plus en plus à la géologie, autre longue histoire du temps.

Au cours de la dernière décennie, un triptyque d'ouvrages proposa des réflexions écologiques d'où les préoccupations évolutionnistes n'étaient pas absentes, tant les concepts d'évolution et d'écologie sont étroitement imbriqués. Dans *La Loi de la jungle*[1], nous débusquâmes, Franck Steffan et moi, les multiples schémas évolutifs par lesquels l'évolution tend à atténuer, voire à inhiber l'agressivité au sein de la nature. Compétition, certes, néanmoins canalisée dans certaines limites. Dans *La Solidarité chez les plantes, les animaux, les humains*[2], la mise en scène des mécanismes de coopération illustrait des schémas évolutifs pouvant aller jusqu'à l'altruisme. Enfin, dans *La Raison du plus faible*[3], largement inspiré de travaux du grand paléontologue américain Stephen Jay Gould, nous montrâmes que la raison du plus fort n'est pas toujours la meilleure. T. H. Huxley, le « bouledogue » de Darwin dont il était l'ami, convaincu de la prévalence absolue de la loi du plus fort, n'aurait certes pas aimé ! Objectif de ce triptyque : rééquilibrer la vision darwinienne d'une nature toujours et partout implacable par l'apport de faits et d'expériences prouvant qu'il n'en est pas partout ni toujours ainsi. Encore que, sur ce point, Darwin ait été moins péremptoire que certains de ses héritiers.

Pourtant, au fur et à mesure des observations et des réflexions, un doute s'insinuait en moi : *peut-on tout expliquer par la théorie de la sélection*

---

1. En collaboration avec Franck Steffan, Paris, Fayard, 2003.
2. *Idem*, Paris, Fayard, 2004.
3. *Idem*, Paris, Fayard, 2009.

naturelle ? Voilà qui commençait à m'apparaître un peu simple pour expliquer la multiplicité et la diversité des observations auxquelles peut procéder un botaniste tout au long de sa carrière. Ce sont les Orchidées qui instillèrent ce doute en moi : comment expliquer par un mécanisme aussi simple l'incroyable capacité qu'ont les ophrys, des orchidées bien représentées dans notre flore indigène, de transformer un de leurs pétales, le labelle, en un mime d'insecte ? Le véritable insecte, trompé, croit voir et sentir, car le mime est aussi olfactif, une femelle de son espèce, et se précipite sur la labelle pour copuler. Ce faisant, il s'agite sur le corolle et emporte le pollen de la fleur mimétique sur une autre fleur identique où il se livre aux mêmes exhibitions. La question devient alors celle-ci : par quelles mutations et par combien de ces mutations une fleur d'ophrys passe-t-elle pour se modifier de la sorte ? Puis s'est posée à moi la même question pour l'ensemble des phénomènes de mimétisme animal ou végétal, si présents dans la nature et auxquels j'espère bien un jour consacrer un ouvrage. Et que dire par ailleurs du mimétisme au sein de nos sociétés où les phénomènes de mode savamment dopés par la publicité stimulent la consommation, y compris d'objets futiles ou inutiles, et font ainsi tourner la machine économique ?

Survint en 2009 un épisode médical qui m'immobilisa quatre mois à la suite d'une lourde intervention chirurgicale. Je consacrai ce temps à la lecture de bon nombre d'ouvrages sur l'évolution – une vingtaine au total. La littérature spécialisée était particulièrement abondante en cette année 2009 marquant le bicentenaire de la naissance de Charles Darwin et le 150e anniversaire de son livre majeur *L'Origine des espèces*. Comment mieux apporter mon écot à l'année Darwin qu'en consacrant le tiers de l'année à la question cruciale de l'évolution ? D'emblée, un constat me frappa : aucun botaniste ne s'était vraiment exprimé sur les mécanismes de l'évolution ni sur ses « orientations » dans le règne végétal. Dans le monde scientifique, l'évolution est abondamment étudiée par des zoologistes, des paléontologues, des généticiens et, depuis un demi-siècle, des biologistes moléculaires, mais jamais par des botanistes. Tous ces acteurs partagent la particularité d'ignorer parfaitement la botanique, comme certains le reconnaissent d'ailleurs avec beaucoup de modestie. Le temps n'est plus aux naturalistes généralistes, aux « savants » des siècles passés, mais plutôt aux spécialistes, chacun retranché sur le pré carré de sa discipline. Il me parut alors utile d'apporter le point de vue du botaniste que je suis sur l'évolution en insistant sur quelques idées nouvelles ou peu connues qui pourraient venir enrichir le corpus des connaissances sur ce thème majeur de la biologie.

L'explication néodarwinienne telle qu'elle est universellement présentée dans les médias, les manuels scolaires et les enseignements universitaires, faisant des mutations et de la sélection l'unique moteur de la vie, me paraît quelque peu réductrice au vu des immenses progrès de la biologie enregistrés au cours des deux dernières décennies. Certes, il ne s'agit pas ici de congédier Darwin, mais seulement de le remettre en perspective. À lire l'ensemble de son œuvre ou presque, comme je l'ai fait, on constate que ce grand savant se posait de multiples questions sur ses propres intuitions, sa propre théorie, qu'il défendit avec conviction mais qu'il savait fragile. Or la théorie darwinienne nous est aujourd'hui offerte toute ficelée, et comme définitive. Le dogme jette la suspicion sur toute recherche qui s'éloignerait tant soit peu de la « pensée unique », au moins aussi prégnante en sciences qu'ailleurs. Malheur au jeune scientifique qui s'aventurerait dans d'autres directions, loin de l'autoroute savamment balisée par le néodarwinisme ! Il encourrait le risque d'être accusé de flirter avec le créationnisme ! Quant au dit créationnisme, je ne m'y suis jamais attardé un seul instant, tant il me paraît absurde de vouloir faire des premiers livres de la Bible une lecture scientifique. La Bible est porteuse de sens, non de science.

Résumons : me voici donc résolument évolutionniste, car je n'ai jamais remis en cause ce concept aujourd'hui communément admis par toute la communauté scientifique ; raisonnablement darwinien, car l'être exagérément serait l'être plus que Darwin lui-même ; et complètement étranger aux thèses créationnistes, si présentes outre-Atlantique.

Cet ouvrage reprend bon nombre de thèmes déjà développés dans des livres précédents, mais il les ordonne en fonction d'une vision qui se voudrait cohérente, esquisse d'une synthèse de quelques pistes qui me paraissent solides en matière d'évolution végétale.

Ces pistes partent de faits scientifiques bien établis, de connaissances sûres, fondées, documentées et avérées. Elles font ensuite l'objet de discussions sur les mécanismes qui les ont produites et qui permettent de les expliquer, du moins quand ces explications existent… Celles-ci ne sont bien souvent encore que des hypothèses, et je ne manquerai pas, dans ce cas, de le signaler. Ma tentative vise à démêler le dense écheveau des lignées évolutives parcourues par les végétaux, dont la variété nous interpelle et qui sont sans doute le résultat de la mise en œuvre de mécanismes diversifiés. Ce faisant, j'ai conscience de ne faire qu'effleurer, sans les résoudre, les mystères de la vie dont l'extrême complexité ne se satisfait jamais d'explications par trop simplistes.

En route, donc, vers de nouvelles idées, de nouvelles hypothèses relatives aux mécanismes de l'évolution, et d'abord vers le principe d'associativité !

PREMIÈRE PARTIE

Un principe constructeur : l'associativité

CHAPITRE PREMIER

L'associativité dans le cosmos

Consacrer de vastes développements à un concept dont le nom ne figure pas dans les dictionnaires peut paraître une gageure. Nous entendons par ce néologisme ce qu'il exprime à l'évidence : la propriété d'additionner des éléments simples pour faire du plus grand ou du plus complexe. Il y a bien gain de matière et de complexité lorsqu'on passe de la minuscule bactérie à l'énorme baleine bleue. La thèse fondatrice du darwinisme – mutations au hasard, puis sélection naturelle – n'insiste pas *explicitement* sur ce fait. Elle se contente de postuler *implicitement* que, dans une population où apparaissent des mutants, le « tri sélectif » opéré par le milieu sur ces mutants serait, par essence, constructif et formatif de nouveaux êtres et de nouvelles espèces. Or, comme nous le verrons, l'évolution, comme par un jeu de yoyo, fait grandir ou miniaturise, additionne ou soustrait. Mais c'est pour l'essentiel par associativité que se sont construites les structures de l'univers et de la vie. L'associativité est première : elle fait émerger des innovations. La sélection vient ensuite faire le tri. L'évolution est pour l'essentiel le fruit de ce dipôle.

Pour saisir l'origine de ce processus universel, remontons au big bang daté de 13,750 milliards d'années. Si les physiciens datent avec de plus en plus de précision l'origine de l'univers, ils sèchent lorsqu'il convient de décrire l'instant T : celui de l'explosion initiale et fondatrice. Ils ne parviennent à remonter que jusqu'au « mur de Planck », une infinitésimale fraction de seconde après ce temps T. Ce fameux « mur de Planck » marque des limites encore infranchissables pour nos connaissances, l'horizon de la physique actuelle derrière lequel se cachent peut-être d'autres horizons. Il est trop tôt pour le savoir…

L'univers est alors d'une extrême petitesse : dix millions de milliards de milliards de fois plus petit qu'un atome d'hydrogène ! Mais sa chaleur et sa densité sont extrêmes : l'univers entier est contenu dans un espace infiniment petit, infiniment dense et infiniment chaud. Puis il explose. Son expansion, la phase dite d'« inflation », est si rapide qu'en 10^{-32} secondes il atteint le volume d'une orange ! Dès lors se forment des particules élémentaires : les quarks, et plusieurs autres sur la nature desquelles s'activent les spécialistes de la physique des particules. Aussitôt s'amorce le processus d'associativité : nous sommes alors à mille milliardièmes de seconde après l'instant T. Ces particules s'assemblent pour donner naissance à d'autres particules dont le nom nous est familier : les neutrons, les protons, les électrons, notamment.

Les protons de charge positive sont constitués de l'addition de trois quarks. Il faut aussi trois quarks pour fabriquer un neutron, dont la charge est nulle. Quant à la charge de l'électron, elle est négative et neutralise celle du proton. Ainsi l'atome est neutre. Neutrons, protons et électrons furent longtemps considérés comme les particules élémentaires ; ils ne le sont plus aujourd'hui, mais n'en restent pas moins les briques servant à la construction des atomes.

Le principe d'associativité poursuit son œuvre, résultat de la combinaison des effets des quatre forces à l'œuvre dans l'univers : la gravité, l'électromagnétisme, et, dans l'infiniment petit, l'interaction faible et l'interaction forte qui « colle » les particules à l'intérieur du noyau de l'atome. La combinaison par associativité des protons, neutrons et électrons aboutit à la formation des premiers atomes, et d'abord du plus simple d'entre eux : l'hydrogène formé d'un électron gravitant autour d'un proton. Mais ces atomes sont encore très instables dans un univers aussi dense et chaud. Il faudra 300 000 ans pour que la température baisse à 3 000° et qu'alors les premiers atomes stables se forment et perdurent. Lorsque l'univers est âgé de 380 000 ans, la température tombe sous 3 000° et les photons, « corpuscules » de lumière, parviennent à s'échapper de l'univers encore sombre qui les tenait prisonniers. Brusquement, une lumière aveuglante jaillit ! Les photons entreprennent leur course folle à la vitesse de 300 000 km/s (299 792,458 km/s exactement). Tout s'illumine : c'est le *Fiat lux* de l'univers. À la même époque, l'univers se peuple d'atomes d'hydrogène et d'hélium, ces derniers formés d'un noyau de deux neutrons et de deux protons autour duquel gravitent deux électrons. La force de gravitation faisant son œuvre, les atomes, notamment en des endroits où ils sont nombreux, se rassemblent en nuages de gaz d'hydrogène et d'hélium. Tandis que l'univers continue de refroidir, ces nuages de gaz s'échauffent par contraction sur eux-mêmes, au point d'enclencher la fameuse réaction thermonucléaire qui transforme l'hydrogène en hélium. Ce processus signe la naissance des étoiles, et 800 millions d'années ont passé depuis le big bang…

Les étoiles s'organisent en galaxies. La nôtre, la Voie lactée, dont le diamètre frôle les 100 000 années-lumière, n'en contiendrait pas moins de 234 milliards. Les étoiles sont d'intenses accrétions de matière qui se forment dans les nuages protogalactiques. En leur sein s'effectue le processus de « nucléosynthèse » aboutissant à la formation des atomes. Comme l'a bien montré Hubert Reeves dans *Poussière d'étoiles*[1], les étoiles sont des couveuses, des nurseries au sein desquelles se forment des atomes de plus en plus lourds et riches de protons, de neutrons et d'électrons. Quatre-vingt-douze atomes sont ainsi créés, le nombre d'électrons passant d'1 pour l'atome d'hydrogène à 92 pour celui d'uranium. Le principe d'associativité joue à plein, la matière s'organise. Trois noyaux d'hélium se condensent pour former un noyau de carbone. Ce noyau s'additionne à un nouveau noyau d'hélium pour constituer un noyau d'oxygène. Si deux noyaux de carbone fusionnent à leur tour, ils aboutissent à un noyau de magnésium, et ainsi de suite. L'associativité entre ces éléments simples est la résultante des lois et des forces de la physique.

Les étoiles sont longevives mais non éternelles. Elles disséminent à leur mort les atomes qui se sont formés en leur sein. Entre-temps, ces atomes se sont à leur tour combinés en molécules, tandis que simultanément apparaissaient pour ces dernières des propriétés radicalement différentes de celles des atomes qui les constituent. Lorsque deux atomes d'hydrogène se combinent à un atome d'oxygène, une molécule d'eau se forme, dotée de propriétés

1. Paris, Seuil, coll. « Science ouverte », 1984.

qui lui sont propres et que ne possèdent pas les trois atomes constitutifs. Cette synthèse illustre dans le monde inanimé l'adage de Pascal : « Le tout est plus que la somme des parties. » Ici émerge le concept de complexité croissante, fruit de l'associativité.

Le Soleil s'est formé il y a 4,57 milliards d'années à partir d'un nuage de gaz résultant de l'explosion d'une étoile beaucoup plus ancienne qui avait disséminé dans l'espace les atomes et molécules qu'elle avait couvés en son sein. Le Soleil en formation était entouré d'un disque protoplanétaire enrichi en atomes et en molécules lourdes qui, par gravitation, s'assemblèrent pour former des masses de plus en plus grosses. Ce mécanisme d'accrétion aboutit à la formation des planètes par l'addition d'éléments d'abord micrométriques, puis de conglomérats plus lourds et plus grands, qui, lorsqu'ils atteignent quelques kilomètres de diamètre, prennent le nom de planétésimaux. Ces concrétions s'accompagnent d'une élévation de température, d'où la chaleur du magma au cœur des planètes – y compris les planètes gazeuses, car ces dernières ne le sont qu'en périphérie et comportent un noyau dur en leur cœur.

Au fur et à mesure que les planétésimaux grossissent par accrétion, leur attraction mutuelle par gravité augmente, et le processus fait boule de neige pour ne s'arrêter que lorsque la masse planétaire définitive est formée. Le mécanisme d'accrétion est différent selon les planètes : pour certaines, un embryon puissant se constitue et ne cesse de grossir ; pour d'autres, plusieurs embryons auraient fusionné (dix vraisemblablement pour la Terre). Toutefois, ce processus d'accrétion peut être contrarié, ce qui se produisit sous l'effet gravitationnel de l'énorme Jupiter qui empêcha les planétésimaux orbitant entre Mars et elle de former une vraie planète. Il ne subsiste alors que des morceaux incapables de s'agglomérer et formant la fameuse ceinture des Astéroïdes dont le plus gros, Cérès, atteint néanmoins la taille respectable de 950 km de diamètre. Pour autant, cette taille ne lui vaut pas l'appellation de planète telle que définie par l'Union astronomique internationale ; Cérès reste un gros astéroïde, ou une planète naine.

La force gravitationnelle pose un problème ardu aux astronomes qui repèrent dans l'espace des astéroïdes ou autres météores susceptibles de se précipiter sur la Terre. L'idée prévaut aujourd'hui que dans une telle hypothèse il conviendrait de les foudroyer par une bombe atomique ou thermonucléaire ; ou plutôt de dévier leur trajectoire en les abritant du rayonnement solaire par une sorte de parapluie géant lancé et déployé dans l'espace. En réduisant l'énergie qu'ils reçoivent, on modifierait leur orbite.

Un énorme astéroïde aurait frappé la Terre alors que sa masse ne représentait que 80 % de ce qu'elle est actuellement et que la vie n'y était pas encore apparue. Un choc énorme éjecta dans l'espace des tonnes de matières, constituant d'abord des anneaux analogues à ceux de Saturne, avant que la gravitation ne leur règle leur compte. Ces débris de Terre se reconcentrèrent sur eux-mêmes pour former la Lune.

D'étape en étape, nous avons parcouru le chemin allant du big bang à la formation de la Terre. À chacune d'elles, des processus d'associativité ont été déterminants. Il s'agissait tantôt d'addition purement quantitative : l'accrétion, aboutissant aux planètes ; tantôt d'addition générant qualitativement de nouvelles propriétés : celles des atomes à partir des particules simples, et des molécules à partir des atomes ; l'addition aboutit, en ce cas, à un gain de complexité, comme on le verra dans bon nombre de processus vivants.

CHAPITRE 2

L'associativité aux origines de la vie

Les processus d'associativité sont indissociables des phénomènes présidant à l'émergence de la vie. Celle-ci reste toujours un mystère, et les hypothèses la concernant ont tendance à se multiplier plutôt qu'à se confirmer sous forme d'une théorie qui serait unanimement admise par la communauté scientifique.

La Terre s'est formée il y a environ 4,55 milliards d'années. Les fossiles les plus anciens semblent accréditer l'existence de la vie dès –3,5 milliards d'années, peut-être même dès –3,8 milliards d'années. C'est donc à la fin de son premier milliard d'années d'existence que la Terre, encore juvénile, engendra la vie. Incontournable en matière de biologie évolutive, Charles Darwin nous livre à ce sujet ses supputations ; il écrit en 1871 : « On peut imaginer que dans quelques mares chaudes contenant toutes sortes de sels ammoniacs et phosphoriques en présence de chaleur, de lumière et d'électricité, etc., il ait pu se former chimiquement un composé protéique capable de subir des modifications complexes. »

Ce scénario à l'état d'esquisse a été développé tout au long du siècle dernier, pour aboutir à une série d'hypothèses sur les origines de la vie. Dès 1924, le Russe Oparine, bientôt suivi par le Britannique Haldane (en 1929), propose des scénarios similaires sur le passage de la matière minérale à des molécules organiques. Ces auteurs supposent que l'atmosphère primitive de la Terre était très différente de ce qu'elle est devenue, fortement réductrice, constituée de méthane, d'eau et d'ammoniac, mais dépourvue d'oxygène. Cette atmosphère était zébrée par les éclairs d'orages violents, par la matière chaude expulsée des volcans et par les rayons ultraviolets du Soleil, très riches en énergie, qui n'étaient pas arrêtés par la couche d'ozone, puisque celle-ci n'avait pu encore se former, faute d'oxygène. Ces apports d'énergie produisaient une série de réactions chimiques au sein de cette atmosphère primitive, conduisant à l'élaboration de molécules organiques entraînées plus tard par les pluies dans l'eau encore chaude des océans primitifs. Ainsi se constitua une « soupe chaude » formée par la condensation de la vapeur consécutive au refroidissement de l'atmosphère, dans laquelle se concentraient des molécules de sucres et d'acides aminés, c'est-à-dire les briques qui deviendraient ultérieurement les êtres vivants.

Le scénario des auteurs cités était crédible. En effet, en 1953, un jeune chimiste américain, Stanley Miller, publia dans la revue *Science* un article intitulé : « Une production d'acides aminés dans les conditions possibles de la Terre primitive[1] », après avoir exposé durant une semaine un mélange de méthane, d'ammoniac, d'hydrogène et d'eau à des décharges électriques, et obtenu à l'issue de cette expérience plusieurs acides aminés fondamentaux, notamment le glycocolle et l'alanine.

Plusieurs auteurs s'engouffrèrent dans la voie ouverte par Miller et son maître Urey, donnant naissance à ce que l'on a appelé la chimie prébiotique. Celle-ci suggère que dans l'atmosphère primitive de la Terre, les briques de la vie ont pu être élaborées grâce aux puissantes énergies disponibles.

Ces briques de la vie sont des molécules déjà complexes résultant de l'exceptionnelle aptitude de l'atome de carbone à se combiner avec ceux de l'oxygène, de l'hydrogène et de l'azote. À partir de ces quatre éléments, de multiples combinaisons sont possibles ; celles-ci forment la chimie organique, ainsi nommée parce qu'elle est la chimie des organismes vivants. À l'inverse, les molécules formées

1. Stanley Miller, « A production of amino acids under possible primitive earth conditions », *Science*, n° 117 (3046), 1953, p. 528.

entre les autres éléments du monde minéral sont généralement – sauf exception – beaucoup plus simples. La chimie du carbone est donc un immense jeu de Lego où les molécules s'additionnent suivant des agencements et des architectures propres à chacune d'elles ; et chacune possède des propriétés qui n'appartiennent qu'à elle. Extrême « chimiodiversité » !

L'intuition darwinienne, confirmée par les expériences précitées et par plusieurs autres qui suivirent, a eu le vent en poupe pendant des décennies. Aujourd'hui, cependant, d'autres hypothèses tiennent la corde.

Une première hypothèse s'inscrit dans l'intuition du Suédois Arrhenius qui, il y a plus d'un siècle, voyait les origines de la vie comme extérieures à notre planète. Selon lui, des germes de vie, formés et répandus dans le cosmos, auraient été apportés sur la Terre par des météorites. C'est la théorie dite de la Panspermie. Le bombardement de la Terre par des météorites était extrêmement violent au cours du premier milliard d'années de notre planète, et c'est alors que se serait produit l'ensemencement. À l'appui de cette thèse, la présence, sur des météorites, de briques élémentaires de la vie telles que les acides aminés, en particulier le plus simple d'entre eux, le glycocolle. On en a trouver dans les poussières rapatriées sur Terre le 15 janvier 2006 par une capsule issue de la sonde Stardust envoyée dans la queue de la comète Wild 2.

Une autre hypothèse situe les origines de la vie sur Terre, mais, cette fois, au fond des océans. On a découvert en 1977 de véritables oasis de vie par 2 500 m de fond, là où les plaques tectoniques, s'écartant, laissent jaillir des sources hydrothermales très chaudes. Ces sources riches en sels minéraux sont qualifiées de « fumeurs noirs ». Des molécules organiques s'y forment, et elles sont riches en bactéries susceptibles de vivre à des températures supérieures à 100°C et dans une totale obscurité.

Comment passer des briques chimiques élémentaires aux êtres vivants : là réside le fond du problème. À l'élaboration de ces molécules organiques simples succède une étape cruciale : leur combinaison, qui aboutit à des macromolécules telles que les sucres complexes, les protéines et les acides nucléiques : ARN (acide ribonucléique) et ADN (acide désoxyribonucléique). Ces molécules associent par associativité des sucres simples à six atomes de carbone, comme le glucose, en sucres complexes polymérisés, type amidon ; ou encore des acides aminés simples – il en existe une vingtaine – en polymères complexes, les protéines. Pour les acides nucléiques, les choses sont plus subtiles ; trois molécules se combinent : un sucre, le ribose ou le désoxyribose, qui doivent leur nom aux groseilles (*ribes* en latin) d'où ils furent extraits pour la première fois, une molécule d'acide phosphorique, et une molécule de base (il en existe cinq sortes). Ces trois molécules ainsi associées forment un nucléotide, et les nucléotides se combinent à leur tour comme des maillons pour former la longue chaîne d'un acide nucléique. Mais ces nucléotides ne s'associent pas au hasard : pour chaque ADN ou ARN, ils adoptent un ordre très particulier et toujours spécifique, comme s'ordonnent les lettres de l'alphabet pour former une phrase. On aura reconnu dans ces acides nucléiques et dans cet ordre le support du code génétique.

Peut-on reproduire de tels acides nucléiques *in vitro* ? Dans les expériences effectuées en laboratoire, comme celles de Miller, visant à reconstituer les milieux et conditions existant aux origines de la vie, on obtient d'abord de l'acide cyanhydrique et du formol. Or cinq molécules d'acide cyanhydrique forment la structure d'une molécule d'adénine, et cinq molécules de formol offrent le squelette d'une molécule de ribose. Adénine et ribose sont constitutifs des ARN. À partir de molécules d'adénine et de ribose, en présence d'acide phosphorique et sous l'influence de rayonnements ultraviolets, on a pu obtenir en laboratoire un nucléotide formé à partir de ces trois éléments. Enfin, une dizaine de nucléotides ont pu être rassemblés, toujours en laboratoire, en présence d'un agent chimique simple et d'un catalyseur : l'argile. On a ainsi obtenu un acide nucléique formé d'une dizaine de maillons, donc extrêmement court et infiniment plus simple que les longues molécules en double hélice de l'ADN.

Par des voies différentes, le très médiatisé biologiste américain Craig Venter a poussé l'expérimentation plus loin : il a annoncé en 2010 avoir fabriqué la première « bactérie de synthèse » avec un ADN artificiel. Aussi intelligent qu'il a d'ambition prométhéenne, Craig Venter va-t-il se prévaloir d'avoir réinventé la vie ?

Pourtant, une question se pose : comment une molécule aussi complexe que l'ADN, porteuse de l'information génétique grâce à un code très strict alignant des millions de nucléotides dans un ordre précis, a-t-elle bien pu se former ? La réponse darwinienne postule une multitude de réactions chimiques entre les nucléotides composants de l'ADN, qui auraient fini, par le simple jeu de la sélection naturelle retenant les agencements les plus performants, par s'agencer graduellement et aboutir à cette extraordinaire molécule. Or cette idée se heurte aux simulations réalisées par les mathématiciens. Les chances de succès sont en effet quasi nulles. Selon l'astronome Trinh Xuan Thuan[1], ce serait aussi difficile que de ficher une flèche dans une cible d'un centimètre carré, distante de 13 milliards d'années-

1. Trinh Xuan Thuan, *Les Voies de la lumière, physique et métaphysique du clair-obscur*, Paris, Fayard, 2007.

lumière ! Et pourtant, la flèche atteint son but, car les lois de la physique s'expriment par des constantes mathématiques si précises, fixées dès le big bang, qu'une telle performance était potentiellement possible dès les origines. C'est ce que bon nombre de physiciens appellent le principe anthropique faible.

Il est certes difficile de se représenter la part du hasard dans la formation de l'ADN : comment d'une grande masse de lettres (les nucléotides) dont un singe tirerait certaines au hasard pour les placer à la file pourrait-on aboutir à un texte clair, signifiant et lisible : le code génétique ? Les chances de voir émerger ce résultat d'un tel tirage dû au seul hasard sont pratiquement nulles. Certes, les matériaux nécessaires à la synthèse de l'ADN existaient dans la soupe primitive, comme l'ont montré les expériences de chimie prébiotique de Fox en 1958 et celles de Juan Oro en 1960. Et l'affinité spontanée de ces briques élémentaires à s'associer est grande, ce qu'ont démontré plusieurs autres expériences. Mais de là à penser qu'elles s'associent suivant un ordre extrêmement strict, c'est prêter au principe d'associativité une capacité de performance au-delà de toute probabilité !

À peine a-t-on épuisé les supputations sur le mystère de la formation de l'ARN et de l'ADN qu'une nouvelle question se pose : comment passer d'une molécule d'acide nucléique à une bactérie ?

Comment passer de ces subtiles combinaisons moléculaires au stade cellulaire, lorsque apparaît la première cellule bactérienne ? Ainsi que le montre bien la biologie moléculaire, le plus simple des systèmes vivants, la bactérie, est déjà d'une immense complexité : chaque bactérie est une extraordinaire usine en miniature, dotée d'une puissante machinerie moléculaire riche de milliers de pièces subtilement agencées. Une bactérie composée de centaines de milliards d'atomes est infiniment plus complexe que n'importe quelle machine fabriquée par l'homme ; d'où cette question : comment, par le simple jeu du hasard et de la sélection naturelle, un tel organisme cellulaire a-t-il bien pu voir le jour ?

Ces questions, Jacques Monod, biologiste matérialiste, ne les a pas éludées lorsqu'il écrivit : « Le développement du système métabolique qui a dû, à mesure que s'appauvrissait la soupe primitive, apprendre à monopoliser le potentiel chimique et à synthétiser les constituants cellulaires, pose des problèmes herculéens. Il en est de même pour l'émergence de la membrane à perméabilité sélective sans laquelle il ne peut y avoir de cellule viable. Mais le problème majeur, c'est l'origine du code génétique et du mécanisme de sa traduction. En fait, ce n'est pas de problème qu'il faudrait parler, mais plutôt d'une véritable énigme[1]. » Quant à Francis Crick,

---

1. Jacques Monod, *Le Hasard et la Nécessité*, Paris, Seuil, 1970.

l'un des découvreurs du code génétique, Prix Nobel comme Jacques Monod, il admet : « L'origine de la vie apparaît presque aujourd'hui comme un miracle, tant sont nombreuses les conditions qu'il aurait fallu satisfaire pour la mettre en marche[1]. »

Aucune avancée décisive n'a été obtenue, au cours des dernières décennies, pour répondre à ces questions sur l'apparition de la vie sans doute à la fin du premier milliard d'années après la formation de la Terre. Il est à la fois impossible d'observer l'amorce du phénomène vital en raison du décalage chronologique qui nous éloigne de ces temps lointains, et il n'a pas été possible non plus, du moins à ce jour, de créer la vie *ex nihilo* en laboratoire. Force est donc de constater que l'application de la théorie darwinienne aux origines de la vie se heurte à des obstacles insurmontables, face à l'extrême improbabilité de son apparition. Monod a suggéré que l'événement créateur ne se serait produit qu'une seule fois, ce qui signifiait à ses yeux que sa probabilité était quasi nulle. Quant à Crick, il caressa l'idée d'Arrhenius, déjà évoquée, selon laquelle la vie fut « semée » sur la Terre en provenance de l'espace. Mais si l'on se réfère à cette hypothèse de « germes de vie » importés de l'espace, le problème ne s'en trouve que déplacé : comment la vie a-t-elle bien pu

1. Francis Crick H.C., *Life Itself*, New York, Simon & Schuster, 1981.

apparaître ailleurs, là où, pour le moment, nous la cherchons sans la trouver ? Et comment une météorite ensemencée de vie aurait-elle pu traverser l'atmosphère de la Terre sans être stérilisée, quand on sait les lourdes élévations de température que subissent les engins spatiaux lors de leur atterrissage par frottement avec les gaz de l'atmosphère ?

On s'interroge toujours sur la nature du premier être vivant, le *Last Universal Common Ancestor*, ou Luca, l'ancêtre universel. Nombreux sont les chercheurs qui l'imaginent comme une bactérie vivant dans des milieux aquatiques torrides. D'après cette hypothèse, la vie serait apparue « en enfer ». Ces organismes premiers venus d'ailleurs auraient réussi à s'adapter dans l'environnement de la Terre juvénile et brûlante, sans oxygène mais riche en dioxyde de carbone. Comme on le pense aujourd'hui, Luca serait une archéobactérie, encore baptisée archée, un nouveau groupe d'êtres vivants identifié par une empreinte génétique de l'ARN très différente de celles des autres bactéries.

Tout laisse à penser qu'en ces temps très lointains la machine vivante fonctionnait, si l'on peut dire, à l'ARN, l'ADN n'étant apparu que plus tard. Les archéobactéries forment un groupe très ancien dont les individus s'accommodent volontiers d'environnements extrêmes. On les distingue désormais et des bactéries et des individus formés de cellules à noyau, les eucaryotes, pour en faire une unité à part.

C'est donc en trois et non plus en deux catégories – les cellules avec et les cellules sans noyau – que l'on subdivise désormais le monde vivant.

Pour ce qui concerne les origines, malgré une multitude d'hypothèses, la biologie contemporaine ne peut donc qu'avouer avec humilité son ignorance. La question reste ouverte et n'a pas fini de faire débat. Ce qui est sûr, en revanche, c'est que le processus s'appuie sur une addition continue d'éléments simples miraculeusement ajustés dans le bon ordre.

Une fois la première bactérie formée au sein des océans, l'évolution biologique se déploya, aboutissant à des millions d'espèces, la plupart fossiles, dont environ 1 800 000 seulement, vivant de nos jours, nous sont connues. Il en existe sans doute dix fois plus sur la Terre aujourd'hui : c'est la *biodiversité*.

CHAPITRE 3

L'associativité dans l'évolution de la vie

Plus tard dans la chronologie de l'évolution, la vie passe de la cellule bactérienne à la cellule dite eucaryote – étymologiquement : cellule à vrai noyau – dont sont constitués dans leur ensemble les champignons, les plantes et les animaux.

La vie bactérienne a laissé des traces incontestables datées de 3,5 milliards d'années. Concrétions produites par des assemblages de bactéries chlorophylliennes abondamment présentes sur les rivages d'Australie, les stromatolithes sont les premiers fossiles dans lesquels on identifie les êtres vivants les plus anciennement connus. Il faut encore 2 milliards d'années pour qu'apparaissent à leur tour les premières cellules dotées d'un vrai noyau. Au cours de cet intervalle gigantesque de 2 milliards d'années, seules les bactéries peuplaient les océans.

On discute toujours des modalités qui conduisirent à l'invention de la première cellule à noyau. La thèse qui prévaut fait à nouveau appel au principe d'associativité et a été développée par la biologiste Lynn Margulis. Celle-ci a voulu voir dans une cellule eucaryote le fruit d'une symbiose entre plusieurs bactéries s'organisant dans un nouvel ensemble fonctionnel[1]. L'une d'entre elles, devenue la mitochondrie, représente l'usine énergétique de la cellule : elle exerce la fonction de respiration et, par conséquent, la production d'énergie. Une autre, chlorophyllienne celle-ci, serait l'ancêtre des chloroplastes, ces minuscules grains verts chargés de chlorophylle, caractéristiques du monde végétal. Pour ce qui est de la formation du noyau, les scientifiques en sont réduits aux conjectures : l'hypothèse la plus communément admise est que ce noyau résulterait, toujours par symbiose, de l'addition de deux ou de plusieurs bactéries ; celles-ci auraient mis en commun leur matériel génétique, désormais séquestré dans le noyau.

Le passage au stade eucaryote représente un énorme gain de complexité, chaque élément de la cellule assumant désormais une tâche particulière : la membrane, c'est la douane ; les mitochondries, la centrale énergétique ; le noyau, l'ordinateur central ; les ribosomes, ce sont les ateliers de montage

1. Lynn Margulis, *L'Univers bactérien*, Paris, Seuil, 2002.

des protéines ; les vacuoles, voilà le lieu de stockage des déchets ; les chloroplastes, enfin, ce sont l'usine de captage de l'énergie solaire et l'endroit de stockage des sucres synthétisés.

Dans le monde inanimé, l'associativité se manifestait par une simple addition de matière. Mais, déjà, dans la formation des atomes au sein des étoiles, chacun d'eux manifestait des propriétés particulières. L'associativité débouchait sur un gain en complexité, ce qui se confirme pour les grandes molécules complexes de la vie, les acides nucléiques en particulier. Avec l'apparition de la cellule eucaryote, on franchit une nouvelle étape : désormais, associativité, complexité et symbiose vont de pair.

La symbiose représente un phénomène essentiel du monde vivant. La vie n'est pas que compétition et prédation. Les mécanismes de coopération et de symbiose y jouent un rôle essentiel. Compétition et coopération sont les expressions d'un jeu dialectique. L'une et l'autre fonctionnent conjointement, générant les grands équilibres de la vie.

À peine la cellule eucaryote est-elle constituée qu'une nouvelle difficulté apparaît. Désormais, le potentiel génétique – hormis celui des chloroplastes et des mitochondries – est enfermé dans le noyau. Celui-ci contient ses chromosomes, longs filaments d'ADN. C'en est fini du mode de fonctionnement en vigueur jusque-là.

Les bactéries n'ont pas de noyau où enfermer leur unique chromosome : celui-ci flotte dans le cytoplasme ; du coup, il peut échanger des gènes avec d'autres bactéries. Soit une bactérie parvenue par mutation à développer des gènes de résistance aux antibiotiques. On connaît plus d'une centaine de mutations capables de générer ce résultat. Cette particularité de son génome est évidemment tout bénéfice pour elle. Il suffira qu'une bactérie non pourvue de cet avantage se colle à la bactérie résistante pour acquérir de celle-ci le gène bénéfique. Les bactéries pratiquent ainsi une sorte de « libre-échange » des gènes, encore nommé transfert horizontal des caractéristiques géniques. Dans ce cas de figure, un caractère acquis par transfert horizontal devient héréditaire et se transmettra lorsque la bactérie se divisera par scissiparité pour donner deux bactéries filles, et ainsi de suite, de génération en génération. Nous voici confrontés à un paradoxe qui semble déstabiliser le mode de pensée du darwinisme : l'hérédité d'un caractère acquis ! Les bactéries fonctionnent donc selon le célèbre adage de Lamarck, autre père du concept d'évolution, qu'il appelait « transformisme ».

Ainsi doit-on se représenter le monde bactérien primitif comme une immense foire aux gènes. Chaque bactérie est en quelque sorte l'avant-garde d'une armée ou l'ambassade d'un grand pays susceptible de puiser dans ses arrières – c'est-à-dire les réserves du monde bactérien tout entier – les gènes qui lui sont nécessaires pour faire face à un brusque changement du milieu. Encore faut-il qu'elle se trouve à proximité d'une bactérie capable de lui fournir les gènes dont elle a besoin pour que l'échange se révèle possible. Mais, si elle n'échange pas, elle a toujours la capacité de muter pour acquérir l'avantage attendu, ce dont les bactéries ne se privent pas. On comprend mieux l'immense capacité adaptative des bactéries, leur aptitude à coloniser les milieux les plus divers, et surtout leur permanence à côté d'êtres vivants plus évolués et qui, pourtant, ne les ont point éliminées. Bien au contraire, les bactéries se portent à merveille et les épidémies qu'elles provoquent tendraient même à montrer que ce sont elles qui constituent une sérieuse menace…

Avec leur patrimoine génétique enfermé dans un noyau, les eucaryotes ne pratiquent plus le « libre-échange » des gènes. Incapables de se rendre l'éminent service de transférer de l'un à l'autre des gènes favorables, ils eussent sans doute été condamnés si un autre mécanisme n'avait vu le jour : la sexualité. La sexualité pourrait faire figure d'archétype de l'associativité. Désormais, deux gamètes, l'un mâle, le spermatozoïde, l'autre femelle, l'ovocyte ou oosphère, émis par deux individus, le père et la mère, s'additionnent et fusionnent pour former un œuf porteur du patrimoine génétique de ces deux gamètes. Ce patrimoine issu du père et de la mère n'est cependant point la somme de leurs deux patrimoines complets. L'œuf et l'embryon qui en résulte sont porteurs d'un patrimoine génétique original, associant des caractères paternels et maternels, mais pas leur totalité. La formation des gamètes dans les organes sexuels des parents est en effet le fruit d'une méiose : division cellulaire d'un type particulier par quoi les cellules filles ne contiennent plus que la moitié des gènes de la cellule mère, selon un processus que nous découvrirons plus loin à propos de l'évolution des plantes. Ainsi, à chaque fécondation, une nouvelle combinaison génétique se forme, qui est propre au nouvel individu en puissance. Ce brassage continu des patrimoines génétiques, de génération en génération, avec transfert de caractères favorables ou moins favorables des parents aux enfants, est un facteur de variation sur lequel la sélection naturelle joue son rôle de tri. Encore que beaucoup de gènes soient neutres et échappent à ce mécanisme dans la mesure où ils n'apportent ni avantage particulier ni handicap quelconque.

Arrêtons-nous un instant sur l'acte fondateur des eucaryotes, celui par lequel elles transmettent la vie. Avec la sexualité apparaît une curieuse équation : un gamète mâle plus un gamète femelle donne un œuf, soit 1+ 1 = 1. Mais cet œuf a additionné les chromosomes et les gènes des deux gamètes. Du coup, il forme une entité originale, de sorte que le troisième « un »... est un autre ! Après l'associativité gravitationnelle entraînant l'accrétion des planétésimaux, l'associativité débouchant sur des gains en complexité, l'associativité générant des symbioses, voici l'associativité devenue la condition incontournable de la perpétuation de la vie chez les eucaryotes.

La vie poursuit son cours : il y a 642 millions d'années vécurent les premiers organismes pluricellulaires dont on a décelé les traces fossiles sur le site d'Ediacara, en Australie. Jusqu'alors, il advenait que des individus s'organisent en colonies comme dans les stromatolithes, eux-mêmes « australiens ». Mais chaque individu conservait l'aptitude à vivre seul, assumant la totalité de ses fonctions vitales. Au sein d'un organisme pluricellulaire, il en va tout autrement : les cellules s'organisent de telle manière qu'elles abandonnent une part de leurs potentialités métaboliques pour se spécialiser dans telle ou telle tâche au bénéfice de l'organisme entier. L'être pluricellulaire ainsi formé pratique la division du travail entre ses organes, chacun constitué de cellules spécialisées dans une tâche précise : cellules vertes des feuilles et cellules non chlorophylliennes des racines ; cellules musculaires et cellules nerveuses, etc. Après l'« amour cellulaire » inventé par la sexualité, voici le partage des tâches entre cellules associées au sein d'individus plus grands et plus complexes. Des cellules associées conformément au principe d'associativité.

Empruntons le modèle darwinien et interrogeons-nous sur la pression sélective qui a conduit à la formation des êtres pluricellulaires. Plusieurs schémas sont possibles :

Une première thèse voudrait que ce passage ait été la conséquence d'une compétition entre bactéries et cellules à noyau. Dans les zones peu profondes des océans – à ce stade, la vie n'a pas encore conquis les continents –, pour tenter de faire face à la concurrence des bactéries dont la reproduction, les potentialités biochimiques, les métabolismes sont plus diversifiés et plus prompts que les leurs, les cellules eucaryotes restèrent accolées, après leur division, formant de nouvelles entités avec un dedans et un dehors. Les cellules du centre purent se spécialiser dans certaines synthèses ou certaines fonctions, à l'abri de la lutte avec les compétiteurs bactériens externes. De belles performances, hors compétition, se développèrent par réduction de la pression du milieu : la sélection naturelle privilégie les cellules qui s'y soustraient ! Les innombrables bactéries extérieures, multiples, diverses, chacune performante dans sa fonction, permirent aux cellules eucaryotes du cœur des tissus des pluricellulaires de « souffler ». De nouvelles organisations pluricellulaires de plantes et d'animaux devinrent possibles.

Pour ce qui est des végétaux, le botaniste anglais Corner[1] propose une autre hypothèse non exclusive de la première, selon laquelle la multicellularité serait consécutive à la conquête des littoraux marins. Le processus est le suivant : des algues unicellulaires nagent dans l'océan et constituent le phytoplancton végétal, aliment précieux pour les animaux herbivores formant le zooplancton. La vie n'a toujours pas quitté l'eau. Au sein des masses océaniques, la cellule planctonique ne rencontre aucun obstacle. Emportée par le courant ou mue par ses flagelles, elle flotte ou se déplace entre deux eaux, menacée par l'animal zooplanctonique qui pourrait en faire sa pitance. Mais que la vague l'amène brutalement au contact des roches littorales, et la voici confrontée à un nouvel obstacle. Comment l'éviter ? Comment survivre aux chocs répétés que la fureur du ressac impose à sa frêle membrane ? Craignant de voir son fragile corps cellulaire sans cesse projeté contre les aspérités rocheuses, elle finit par s'y fixer comme on s'agrippe à un support par grand vent. À partir de quoi, le problème semble résolu. Mais pas tout à fait, cependant : d'autres difficultés apparaissent. Si la nouvelle situation de cette cellule comporte des avantages, elle présente aussi des inconvénients. Ainsi va la vie, de crise en crise…

1. Edred John Henry Corner, *La Vie des plantes*. Vol. 3 de la *Grande Encyclopédie de la Nature*, Paris, Bordas, 1970.

L'avantage est évident : l'intense va-et-vient des vagues sur les rochers entraîne un brassage continu de l'air et de l'eau, dont témoignent l'écume et les embruns ; remuée par le vent, l'eau se recharge en gaz carbonique, matériau nécessaire à la synthèse chlorophyllienne. Plus grande sera l'agitation de l'eau, meilleure sera l'alimentation de l'algue en CO_2.

Encore faut-il qu'elle supporte ce remuement incessant sans être arrachée à son support. C'est l'inconvénient. Car s'adapter, c'est adopter un nouveau mode de vie et s'en donner les moyens. Aussi voit-on la cellule planctonique former, par divisions successives de sa cellule unique, un tissu cohérent capable de l'ancrer solidement à son support. Tissu aux aspects les plus divers : filamenteux, ramifié ou foliacé, auquel les botanistes ont donné le nom de « thalle ». Pour eux, est thalle toute forme végétale, du microbe au champignon et de l'algue au lichen, qui ne relève pas de la classique architecture végétale en racine, tige et feuille, propre aux plantes supérieures. Avec son thalle, l'algue s'amarre au rocher, comme on le voit chez les Laminaires, grandes algues littorales à thalles allongés et foliacés fixés par des crampons.

Selon ce scénario – un parmi d'autres possibles, car nous savons peu de choses sur ce qui s'est passé en ces temps lointains –, le littoral devient le lieu privilégié où la vie végétale passe du stade unicellulaire planctonique à l'organisation pluricellulaire des algues fixées. Telle est l'une des lois de la vie : les nouveautés s'élaborent souvent dans les régions frontalières, sur les marges, au confluent de milieux différents qui s'enrichissent de leurs potentialités respectives : ici, du gaz carbonique en abondance et des rochers auxquels s'arrimer. On connaît la richesse biologique des estuaires, où sont brassées les eaux douces et saumâtres et où s'accumulent les alluvions. On sait aussi la richesse des marécages, région indécise entre la terre et l'eau. L'histoire humaine n'échappe pas à cette loi. L'évolution se fait par les marges : le christianisme est né aux confins de l'Empire romain, dans le Proche-Orient ouvert aux influences mésopotamiennes ; l'esprit de la nation américaine s'est forgé dans la grande aventure de la conquête de l'Ouest, que les pionniers appelaient d'ailleurs *the Frontier*, « la Frontière »...

Le passage des eaux libres au littoral exige donc l'adaptation du végétal par passage du stade monocellulaire au stade pluricellulaire. Car plus le milieu est complexe, plus exigeante devient l'adaptation, plus perfectionnée la structure. La construction d'un corps pluricellulaire exige en effet de lourds sacrifices de chaque cellule qui le constitue. Libre, chacune expose toute sa surface à la lumière et peut à tout moment se diviser. Intégrée à un organisme plus vaste dont elle n'est plus qu'un élément, il lui faut se soumettre à un principe d'ordre supérieur qui va « réduire sa liberté » en la soumettant aux lois de l'organisme auquel elle appartient. Ainsi, chez les algues filamenteuses, on observe que parmi les longues files de cellules alignées toutes ne se divisent pas de la même manière, ce qui produirait un mouvement chaotique et désordonné. Seule la dernière cellule du filament se subdivise, provoquant l'allongement de celui-ci. On l'observe aisément en enduisant de fines poussières de noir de fumée de tels filaments ; les poussières fixées sur la calotte s'écartent peu à peu les unes des autres, puisque la croissance en longueur ne s'effectue que par là. Les autres cellules situées au-dessous de cette cellule terminale sont dominées par elle et perdent la capacité de se diviser. Ce n'est qu'à une certaine distance de l'extrémité du filament que cette capacité de division réapparaît : de ces divisions transversales naissent des ramifications latérales dont chacune va progresser de nouveau par division de sa cellule terminale. D'où la formation d'une structure cohérente et ramifiée : tel est le mode de croissance des Fucus, mais non des Laminaires qui poussent par division des cellules de la base du thalle, annonçant déjà le mode de croissance de l'herbe de nos prairies qui sont capables de se régénérer à partir de la base après avoir été « tondues » par le bétail.

Lorsque plusieurs filaments se réunissent pour former un tissu épais, les cellules du centre ne reçoivent plus de lumière et ne sont plus capables d'opérer la photosynthèse. Elles doivent être alimentées par les cellules périphériques. Leurs capacités propres sont ainsi réprimées au profit de la constitution d'un tissu plus solide qui donnera à l'algue la capacité de se fixer sur le rocher. Les cellules du crampon perdent ainsi leur aptitude à opérer la synthèse chlorophyllienne, ne serait-ce qu'à cause de l'épaisseur de leurs parois qui leur permet de porter tout l'organisme.

Ces exemples montrent les « sacrifices » que chaque cellule doit consentir, l'inhibition de certaines potentialités qu'elle doit accepter au profit de la société cellulaire à laquelle elle appartient. Déjà se trouve préfigurée, à propos de ces végétaux très primitifs, l'organisation des sociétés humaines les plus élaborées où, quel que soit le degré d'autonomie accordé aux individus, de larges sacrifices doivent être consentis pour la survie du groupe. L'individu paie toujours son tribut, serait-ce sous forme d'impôt, à la société à laquelle il appartient et dont il n'est jamais qu'une cellule.

Mais les « sacrifices » consentis par la cellule profitent à l'organisme entier. La dominance hiérarchique exercée sur les autres par les cellules terminales donne à l'organisme et sa forme, et son organisation. Car l'organisme forme un tout parfaitement cohérent. Il suffit, pour s'en rendre compte, de sectionner le crampon d'une algue : ainsi libérée de son support, l'algue flotte à la dérive et meurt comme un animal décapité. Cela s'explique : les cellules inférieures non chlorophylliennes, noyées dans un tissu porteur épais, forment le support des cellules supérieures, spécialisées dans la photosynthèse et exposées à la lumière. Elles dépendent donc des cellules supérieures pour ce qui concerne leur nutrition. Mais, à l'inverse, les cellules supérieures dépendent des inférieures pour ce qui a trait au maintien et à la position de l'algue. Fixée, elle est sans cesse mue par le mouvement des vagues, et donc alimentée en gaz carbonique grâce au brassage incessant de l'eau et de l'air à son contact. Flottante, elle dérive dans un milieu auquel elle n'offre plus la moindre résistance : l'effet de brassage devient alors trop faible pour l'alimenter en gaz carbonique, et elle ne tarde pas à se décomposer.

On voit donc que les cellules travaillent ensemble au profit de l'algue tout entière, même si elles doivent, pour cela, inhiber une part de leurs potentialités et tendre à une certaine spécialisation. La sargasse, célèbre pour avoir donné son nom à une mer, est la seule algue capable de vivre à la dérive dans les courants marins où elle évolue grâce à des flotteurs aériens.

On peut encore imaginer d'autres causes expliquant le passage à la vie pluricellulaire, et il n'est pas interdit de penser qu'il se soit produit à plusieurs reprises dans l'histoire de la vie. Mais quand ? Va-t-on devoir remettre en cause la chronologie qui sous-tend cette histoire ? Une étonnante découverte effectuée en 2008 et exposée dans la prestigieuse revue anglaise *Nature* du 1er juillet 2010 a révélé que des êtres pluricellulaires fossilisés vieux de 2,1 milliards d'années auraient été mis au jour au Gabon, dans un site proche de Franceville, par une équipe française du CNRS et de l'université de Poitiers[1]. L'antiquité de ces fossiles semble avérée par la datation de la couche géologique sédimentaire où ils ont été trouvés. Évoquant la forme d'un coquillage, voire d'un pavillon d'oreille, ils seraient, si leur datation devait se confirmer, les plus anciens fossiles pluricellulaires connus. Mais l'on connaît aussi des fossiles de colonies bactériennes qui peuvent simuler la pluricellularité. La prudence est donc ici de mise, même si ces fossiles ont traversé victorieusement une batterie de tests en laboratoire. D'une taille allant de 1 à 12 cm, ces objets pourraient remettre complètement en cause la chronologie actuellement admise. Un coup de tonnerre aux conséquences incalculables, car alors tout le fil de notre histoire s'en trouverait bouleversé. Mais ainsi va la science…

Quel que soit leur âge réel, les êtres pluricellulaires sont constitués de cellules organisées. Le

1. El Abani A. *et al.*, *Nature*, 1er juillet 2010.

maître d'œuvre de ces spécialisations est la différenciation opérée au cours du développement de l'embryon. C'est de cette façon que se forment les tissus et les organes, chacun étant affecté à une fonction particulière au bénéfice de l'organisme entier.

Les organismes ainsi formés sont tantôt solitaires, tantôt sociaux. Dans le premier cas, ils limitent leurs échanges à un bref et rare contact sexuel ; les animaux ayant adopté ce mode de vie sont minoritaires. Dans le second cas, ils s'associent et s'organisent.

Pour les végétaux, la phytosociologie ou sociologie des plantes[1] étudie les associations végétales qu'ils forment entre eux, strictement déterminées par le milieu. Dans un milieu et dans des conditions climatiques et édaphiques (touchant le sol) données, les plantes se regroupent en fonction de leurs capacités adaptatives à ces conditions. C'est pourquoi on trouve toujours les mêmes plantes associées entre elles dans les mêmes milieux : jolies herbes colorées des moissons, « mauvaises herbes » des plates-bandes de nos jardins…

Les insectes sociaux portent à son paroxysme la sociabilité chez les eucaryotes pluricellulaires. Dans

1. J.M. Pelt, *La Vie sociale des plantes*, Paris, Fayard, 1984.

leurs colonies, le partage et la division du travail sont haussés d'un cran : dans la ruche, la reine, chacune des ouvrières et chacun des faux bourdons, morphologiquement différents, sont affectés à une tâche qui leur est propre.

Dans le monde animal, lorsque des sociétés se forment, dernier stade de l'associativité, les relations entre leurs membres varient à l'infini ; la famille, le clan, la tribu sont autant de microsociétés résultant de l'addition d'individus qui mettent en commun certains de leurs besoins : besoin d'efficacité dans l'organisation de la chasse, besoin de sécurité et de protection face aux prédateurs, etc. Comme chacun sait, l'union fait la force.

Laissons aux sociologues le soin de répertorier les multiples formes de la vie en société. La moins structurée, la foule anonyme, rassemble ponctuellement des individus qui ne partagent momentanément qu'un point commun : pour les insectes, se précipiter en été vers la lampe qui dissipe la nuit, quitte à s'y griller les ailes. Pour les humains : remplir les gradins d'un stade avec pour seul lien la condition de spectateur venu suivre un match ou un spectacle. Puis la raison du rassemblement s'interrompt, la lumière s'éteint, le match s'achève, les individus composant la foule se dispersent sans conserver aucun lien entre eux (sauf dans les clubs de supporters).

Plus structurés et hiérarchisés, la tribu, le clan, l'ethnie, et, chez les animaux, la horde, le troupeau, la meute : les sociétés s'organisent, les liens se renforcent, des hiérarchies se mettent en place. Se forment des familles où des liens étroits s'instaurent entre partenaires, parents et enfants. Nous voici là au faîte de l'organisation sociale. Une force nouvelle, étrangère aux lois de la physique, émerge. Elle pousse les êtres les uns vers les autres : c'est l'altruisme, l'amour.

Finalement, des solidarités multiples et intriquées, toujours liées aux conditions du milieu, conduisent les individus d'espèces différentes à former des entités encore plus vastes : les écosystèmes. Avec eux, nous sommes arrivés au bout du processus d'associativité.

Mais, chez les individus comme au sein des sociétés, et dans les sociétés comme dans les écosystèmes, le principe d'associativité se heurte à des freins, voire à des processus de soustraction. Se dessinent des tendances qui le contrarient. À l'inverse du long processus décrit, des êtres se miniaturisent, se simplifient, semblent dégénérer. D'autres se séparent, des couples se brisent. La belle marche du progrès bute sur des limites et achoppe sur des contradictions. Éternel mouvement pendulaire de la vie : l'amour n'a jamais exclu la haine…

CHAPITRE 4

Les limites du principe d'associativité

La vie est dialectique : elle résulte d'un subtil équilibre entre des forces et des phénomènes qui semblent se contredire, parfois s'annuler. Le *yin* et le *yang* de la pensée chinoise, représentés par le célèbre logo où, inscrites dans un cercle, une figure noire et une figure blanche s'épousent et s'interpénètrent, symbolisent les forces cosmologiques qui conditionnent le mouvement de la vie. Ces concepts opposés, complémentaires et en résonance, génèrent des équilibres dynamiques, toujours changeants. Ainsi de l'unité foncière de la vie et de ses lois qui s'expriment pourtant dans la diversité des individus et des espèces : la biodiversité. Ainsi de la coopération qui régule les effets de la compétition, laquelle, si elle l'emportait, aboutirait à une autodestruction généralisée. Ainsi des périodes de stase où la vie semble immobile et en équilibre, et des phases de crise où tout bouge, tout évolue à grande vitesse. Ainsi de la longue et progressive histoire de l'évolution que nous venons de décrire, à laquelle s'opposent des phénomènes régressifs, d'apparents retours en arrière. Ainsi en économie, comme dans le monde vivant, l'éternelle dialectique des profits et des pertes.

La pensée orientale rend mieux compte de ces équilibres mouvants, sans cesse remis en cause, que les catégories philosophiques héritées des Grecs. Dans la pensée occidentale, plus rigide, tout se doit d'être blanc ou noir, strictement cadré. Mais la vie échappe à ces dichotomies qui ignorent sa complexité. Répétons-le : elle est fondamentalement dialectique.

L'expansion de l'univers semble contredire le principe d'associativité fondé sur l'attraction réciproque des objets célestes, attraction dont l'intensité est fonction de leur masse et de leur distance : c'est la loi de la gravitation universelle formulée par Newton. Il est logique de penser que, par gravité, l'univers devrait perdre son élan initial, impulsé par l'énorme explosion du big bang, et se recontracter sur lui-même. Or c'est l'inverse qui se produit. Les scientifiques s'accordent à penser que l'expansion de l'univers a plutôt tendance, depuis au moins 5 milliards d'années, à s'accélérer. L'explication de ce phénomène déroutant serait à rechercher en dehors de la matière repérable et observable formée d'atomes, hors donc des objets célestes de toute nature – galaxie, étoiles, planètes, satellites, météores, astéroïdes, etc. Ceux-ci ne représenteraient que 4 à 5 % de la masse globale de l'univers. Pour le reste, les astrophysiciens se perdent en conjectures et imaginent l'existence d'une « matière noire » et d'une « énergie sombre » qui échapperaient à nos investigations, faute de moyens de les observer. Elles correspondraient à 95 % de tout ce qui existe dans l'univers. Ces 95 % formeraient l'« univers invisible », qui ne se révèle que par les distorsions qu'il fait subir à la lumière provenant des lointaines galaxies. Sur ces 95 %, 20 % correspondraient à de la « matière noire », le reste à de l'« énergie noire » (ou sombre). Mais personne ne sait au juste ce qu'elles sont. L'hypothèse qui a cours actuellement voudrait que l'« énergie noire » contrebalance les effets de la gravitation et entraîne l'expansion de l'univers. Or l'expansion ne fait pas bon ménage avec le principe d'associativité !

Dans le monde vivant, le principe d'associativité est contrebalancé par ce qu'on pourrait appeler, pour filer la métaphore, des phénomènes de soustractivité.

La biologie des Algues révèle le passage du végétal à l'animal par la perte des attributs essentiels du monde végétal. Pour un végétal, perdre sa chlorophylle, c'est perdre sa capacité d'effectuer la photosynthèse, donc de produire des sucres comme l'amidon ou la cellulose. Dès lors, les cellules ayant subi cette « lourde perte » se trouvent dans l'incapacité de construire, avec les molécules de cellulose, la paroi qui confère aux cellules végétales leur rigidité. Faute de cellulose, les cellules animales sont dénuées de telles parois : elles sont souples. La rigidité des tissus végétaux et la flaccidité des tissus animaux sont la conséquence de cette différence de métabolisme : du végétal à l'animal, plus de photosynthèse, plus d'élaboration de cellulose, plus de membrane rigide. Qui dit plus de photosynthèse dit aussi plus de synthèse des sucres, plus d'alimentation autonome, autotrophe. Voici les cellules animales et les animaux qu'elles constituent en s'additionnant contraints de se nourrir à partir des nutriments organiques sucrés produits par les cellules végétales. La plante n'est dépendante que de l'énergie du Soleil pour fabriquer ces sucres par photosynthèse. Faute de pouvoir synthétiser lui-même ses aliments, l'animal, au contraire, assure ses besoins énergétiques en les prélevant sur les plantes par prédation. Il est hétérotrophe.

Parmi les Algues monocellulaires, le passage de l'état végétal à l'état animal s'observe chez les euglènes, algues brunes microscopiques et unicellulaires. Ces minuscules algues peuvent se décolorer par perte – réversible ou non – de leur chlorophylle. Sous l'influence de l'obscurité ou de mauvaises conditions de nutrition, elles cessent d'effectuer la photosynthèse et adoptent un mode de vie typiquement animal : elles se nourrissent d'aliments organiques solides ou liquides.

L'exemple des algues de la famille des Dinophycées est encore plus spectaculaire, car il permet de saisir toutes les étapes allant de la végétalité à l'animalité. Les algues *Cystodinium* sont de vraies algues : comme toutes les plantes, elles possèdent de la chlorophylle, opèrent la photosynthèse, et, grâce à celle-ci, accumulent des sucres, notamment dans leurs épaisses parois cellulosiques, ce qui, à l'occasion, les rend obèses. Ces algues possèdent donc les deux attributs spécifiques des végétaux : l'aptitude à la photosynthèse et une membrane cellulosique. Les *Cystodinium* se reproduisent par des spores ciliées et nageuses, qu'elles émettent au moment de leur « puberté ». Le fameux « cil » leur sert de gouvernail et s'enracine au fond d'un sillon formant une excavation au centre de la spore.

Les algues *Péridinium* sont très semblables aux *Cystodinium*, mais elles conservent leur cil, leur mobilité et leur sillon durant toute leur existence. Ce sont en quelque sorte des *Cystodinium* perpétuellement infantiles – néoténiques, comme disent les scientifiques –, ce qui exprime leur aptitude à rester de perpétuels enfants et à se reproduire avant l'âge adulte, qu'elles n'atteindront d'ailleurs jamais puisqu'elles conserveront leur vie durant cette forme de jeunesse ! Bien plus, grâce à leur sillon, elles se nourrissent, d'une manière tout animale, de proies solides. Ce sillon devient une bouche ! Belle performance que celle de cette algue qui cumule la capacité de se nourrir par autotrophie (photosynthèse) grâce à sa chlorophylle, et par hétérotrophie (prédation) grâce à un sillon faisant office d'orifice buccal ! Elle est à la fois végétal et animal !

Toutes proches, les *Gymnodinium* ont connu la même évolution : elles aussi restent infantiles et se nourrissent « par la bouche » de proies solides. Mais elles perdent cette fois leurs chloroplastes, donc leur aptitude à la synthèse chlorophyllienne, et, par voie de conséquence, la paroi cellulosique qui, n'accumulant plus de sucres, s'amincit et devient une paroi de cellule animale. Il s'agit donc d'un animal cilié, d'un protozoaire, qui se nourrit en emprisonnant ses proies dans son corps cellulaire.

Que cet être vienne à perdre son cil, et le voici devenu une simple amibe, captant ses proies par ses pseudopodes. Telle est l'amibe *Dinamaebium*. Or, voilà qu'en s'enkystant, comme font toujours les amibes pour échapper à des conditions de vie momentanément défavorables, celle-ci se met à ressembler étrangement à l'algue *Cystodinium* de départ, produisant même des spores ciliées tout à fait semblables…

On comprend pourquoi les biologistes ont classé ces quatre types, à première vue si différents, parmi le même groupe d'algues, les Péridiniens, qui illustrent, entre maints autres exemples, combien est artificielle la frontière séparant l'animal du végétal chez les êtres microscopiques.

Ce phénomène d'« animalisation » de cellules végétales a dû se produire à de nombreuses reprises, sans doute à partir de plusieurs groupes d'algues, au cours de l'histoire de la vie, enracinant ainsi le monde animal dans plusieurs souches végétales.

On pourrait ajouter à ces pertes successives celle de l'aptitude à la reproduction par voie végétative non sexuée (spores asexuées, boutures, greffes, etc.), propre au monde végétal et que le monde animal ignore, en tout cas au niveau des animaux supérieurs.

Toutefois, en passant du végétal à l'animal, l'organisme enregistre aussi des gains. Et d'abord la mobilité, liée à la perte de la rigidité, qui permet à l'animal de se déplacer pour trouver nourriture et partenaires sexuels. Comme le remarque justement Jacques Brosse, « ce ne sont plus les gamètes seuls qui se déplaceront, allant à la rencontre les uns des autres comme chez les plantes, mais leurs porteurs eux-mêmes, ce qui multipliera les possibilités de croisement, donc de différenciation. Et, en effet, le nombre des espèces animales est de très loin supérieur à celui des espèces végétales[1] ».

---

1. Jacques Brosse, *La Magie des plantes*, Paris, Hachette, 1979.

Il arrive aussi que la perte de la chlorophylle chez le végétal ne s'accompagne pas de l'acquisition d'un mécanisme locomoteur par cil, donc de la mobilité, ni de la capacité de capter des proies solides. On passe alors à un autre groupe issu des plantes vertes et dépourvu d'aptitudes chlorophylliennes : les champignons. Ceux-ci forment un groupe immense : 72 000 espèces connues, et, au total, peut-être plus d'un million ! Les biologistes les considèrent comme un règne à part entière, puisqu'ils ne sont ni animaux, faute de mobilité et d'aptitude à absorber des proies solides, ni végétaux, faute de synthèse chlorophyllienne.

Champignons et animaux descendent donc – tous ou seulement certains d'entre eux – par filiation directe du monde des Algues, leurs communs ancêtres. Dépourvus de l'aptitude à la photosynthèse, ils ne peuvent que se nourrir de la matière vivante photosynthétisée par l'usine végétale. Les animaux herbivores se nourrissent directement de plantes par prédation ; les champignons, eux, inclinent davantage à vivre aux dépens de la plante qui les héberge, à moins qu'ils ne préfèrent tirer leur subsistance des cadavres animaux et végétaux qu'ils décomposent et dont ils recyclent les éléments par fermentation. Plus encore que les bactéries, ils sont, à l'extrémité des chaînes de la vie, les agents spécialisés de la décomposition et du recyclage des déchets. Du stade de saprophytes, êtres qui se nourrissent à partir de matières organiques en décomposition, les champignons ainsi que divers animaux ou végétaux passent aisément à celui de parasites.

Dans le vaste monde des plantes, les algues ne sont pas les seules à perdre leur chlorophylle. Cette avanie est courante dans le cas de parasitisme où un animal ou une plante vit aux dépens d'un hôte dont il ou elle se nourrit, mais sans le tuer : tout le contraire de la poule aux œufs d'or ! À la différence de la prédation où l'animal vit sur le capital représenté par ses proies, le parasite ménage ses proies qui sont aussi ses hôtes. Il se contente de vivre des intérêts qu'il prélève, et se garde d'épuiser son capital, ce qui signerait sa perte.

Le parasitisme affecte des plantes très dispersées parmi la classification végétale. Il caractérise certaines familles et se manifeste plus discrètement, ici et là, en d'autres. Le mécanisme de la régression parasitaire par perte simultanée d'organes et d'autonomie alimentaire (perte de l'aptitude à la photosynthèse) est bien visible chez plusieurs espèces de la famille des Scrofulariacées, famille des Digitales, des Bouillons blancs et des Gueules-de-loup.

Voici d'abord l'euphraise « casse-lunettes » : malgré ce nom suggestif, il n'est nullement prouvé qu'elle améliore la vue. Pourtant, les paysans n'aiment pas cette plante qui pousse dans les prairies et dont le botaniste Decaisne découvrit en 1847 la nature parasitaire. Au lieu de puiser l'eau et les sels minéraux dans le sol, ses racines, remplacées par des suçoirs, pompent ces éléments dans les racines des graminées voisines. Celles-ci, mal nourries, végètent, et la récolte de foin s'en trouve affectée. Les rhinanthes aux belles fleurs jaunes émergeant de gros calices ventrus sont encore plus en mal de racines ; le prélèvement d'eau s'effectue aussi chez elles au moyen de suçoirs plantés sur les racines de leurs hôtes. Ces plantes sont très gloutonnes, transpirent beaucoup et fanent vite. Plantées seules en pot, elles parviennent cependant à fabriquer des racines dotées de poils absorbants et à recouvrer leur autonomie.

Le parasitisme ici n'est pas encore définitivement acquis : une certaine réversibilité subsiste. Il s'affirme nettement, en revanche, chez d'autres Scrofulariacées de la flore française. La première, *Tozzia alpina*, forme une tige souterraine, calleuse et charnue, bourrée de matières de réserve. Cette tige est fixée à la plante hôtesse, un Adénostyle de montagne, par des suçoirs. Il faut deux, voire trois ans pour que de cette tige émerge une pousse verte et feuillée, puis la plante meurt, épuisée par cet effort !

Deux autres espèces de cette même famille, les *Lathera*, poussent encore plus loin le parasitisme : comme *Tozzia*, elles vivent dans le sol, mais ne fleurissent qu'au bout d'une dizaine d'années, formant des organes aériens désormais dépourvus de chlorophylle. Après la perte des racines, voici celles des chloroplastes : plus de photosynthèse, désormais, mais une alimentation totalement dépendante de la plante hôtesse.

Cette série s'achève par la centaine d'espèces d'Orobanches appartenant à une petite famille proche des Scrofulariacées, dont toutes les espèces sont parasites ; elles vivent sur les racines de leurs hôtes et émettent de belles hampes florales, brunâtres car dénuées de chlorophylle, porteuses de fleurs très attractives pour les insectes. Les fleurs ne sont jamais affectées par le parasitisme, lequel ne touche que l'appareil végétatif.

Dans cette série, les hôtes peuvent se révéler très divers, et l'on ne décèle guère de spécificité entre le parasite et son hôte. Toutefois, une orobanche, *Orobanche hederae*, est strictement inféodée au lierre. Elle peut aussi parasiter les *Aralia*, signant ainsi l'appartenance de ces plantes à la même famille que le lierre, les Araliacées.

Les espèces de cette première série de parasites représentent trois types de comportement aisément repérables chez les humains. Les euphraises, les rhinanthes, mais aussi les mélampyres et les pédiculaires pratiquent le travail à temps plein, mais reçoivent de surcroît quelques subsides supplémentaires d'un quelconque parent. Les *Tozzia* ne pratiquent plus que le travail à temps partiel, et préfèrent se faire entretenir le reste du temps. Quant aux *Lathrea* et aux orobanches, elles ne travaillent plus du tout et se font entretenir à plein temps ; leur seul souci est de se reproduire, tâche au demeurant agréable et qui n'exige nullement que la hampe florale soit chlorophyllienne, puisque la nourriture vient d'ailleurs. Nul, que l'on sache, n'a jamais interdit à un chômeur de faire des enfants et de les nourrir avec l'allocation-chômage…

Tant qu'une espèce végétale continue de produire de la chlorophylle, serait-ce par ses racines fixées sur d'autres plantes, on parlera d'hémiparasitisme. Le gui appartient à ce groupe. Le parasitisme strict, lui, concerne les plantes qui ont perdu leur chlorophylle.

Chez les *Thonningia* de Côte-d'Ivoire, la dégradation parasitaire est poussée beaucoup plus loin. L'appareil végétatif ne comporte plus qu'un réseau de cordons souterrains sur lesquels se forment, çà et là, de grosses tumeurs où pénètrent les racines de la plante hôtesse ; prises dans un cul-de-sac, elles n'en ressortent pas. Ces tumeurs sont une curiosité du monde végétal, car s'y mélangent étroitement les cellules du parasite et celles de la plante hôtesse. Ce type d'organe, qualifié de « chimère », est constitué d'éléments appartenant à des espèces différentes et qui se structurent pour former une entité originale. Le volume de ces tumeurs peut atteindre celui d'une tête d'enfant.

La régression parasitaire devient absolue dans le genre *Rafflesia* : ni racine, ni tige, ni feuille, ni chlorophylle, ni même cordon souterrain encore vascularisé ; la plante est réduite à de simples filaments à l'allure de champignons, dépourvus de tout vaisseau conducteur, et qui s'insinuent dans les racines de vigne sauvage d'Indonésie. *Rafflesia* est devenu un mime de champignon, puisqu'il ne porte plus que des tissus indifférenciés entièrement intégrés à ceux de l'hôte. Ne subsiste plus chez lui la moindre trace d'autonomie. En revanche, la plante se rattrape par ses fleurs qui, avec parfois un mètre de diamètre, sont les plus grandes du règne végétal. Ces fleurs gigantesques à l'odeur putride attirent les mouches qui se délectent de leur pollen et de leur nectar. Si la régression parasitaire a quasiment éliminé l'appareil végétatif, l'appareil sexuel – la fleur – demeure ici intact.

Dans le cas d'une espèce sud-africaine, *Hydnora africana*, les fleurs se forment dans le sol et plus rien n'émerge. Encore que la régression parasitaire, dans cette famille, soit moins poussée que chez *Rafflesia*, car subsiste encore une tige souterraine qui s'insère dans les racines de l'hôte.

Il fallait bien que le principe d'associativité soit au moins partiellement compensé par un principe contraire, illustré par le parasitisme. C'est de *déconstruction* des êtres vivants qu'il s'agit ici, comme l'aurait sans doute pensé le philosophe

Jacques Derrida. La déconstruction affecte la totalité de l'appareil végétatif, lequel finit par se réduire à presque rien, par pertes ou soustractions successives.

Le monde animal n'est pas en reste et présente les mêmes évolutions régressives. La sacculine est un petit crustacé parasite des crabes dans lesquels elle se fixe entre abdomen et thorax, formant une masse ovoïde et lisse. Un pédicelle pénètre dans le corps de l'hôte et y répand un réseau de « racines » qui pompent les tissus du crabe. Seul demeure à l'extérieur l'appareil reproducteur. C'est là une évolution en tout point analogue à ce qui se produit chez les plantes parasites précitées, moyennant cependant une petite coquinerie supplémentaire : les crabes mâles, très affaiblis, se féminisent !

C'est donc à une sorte de strip-tease que se livrent les parasites dans l'un et l'autre règne… Seul est conservé l'appareil reproducteur, généralement fécond et prolifique. Celui-ci peut toutefois se simplifier aussi, sans perdre sa fonctionnalité : chez le gui, par exemple, hémiparasite bien connu, les cellules femelles sont dépourvues des tuniques qui les protègent chez toutes les plantes supérieures. C'est là une dérogation à l'une des grandes tendances évolutives du monde végétal qui vise à une protection toujours améliorée de la cellule femelle, porteuse de vie. En ce domaine, le principe d'associativité donne, comme on va le voir, toute sa mesure.

DEUXIÈME PARTIE

L'associativité dans le règne végétal

CHAPITRE 5

La sexualité chez les Algues et les Mousses

Embarquons dans la grande aventure évolutive du monde des plantes : celle-ci se lit à travers les processus d'associativité visant une protection toujours renforcée du gamète femelle, constante du monde végétal, des algues les plus primitives aux fleurs les plus évoluées. Tel est l'axe central de l'évolution dont nous allons parcourir les étapes successives.

On rejoint ici l'intuition féconde des premiers naturalistes. Désarçonnés par la multiplicité des formes de l'appareil végétatif des plantes, notamment des feuilles, ils ont établi leurs premières classifications d'après l'architecture de l'appareil sexuel : les fleurs. Ces organes, plus complexes que les feuilles, relèvent d'un certain nombre de types architecturaux que l'on classe en les regroupant en fonction de leurs ressemblances. Mais les premiers naturalistes ignoraient le fonctionnement intime de la sexualité végétale. Il a fallu attendre la fin du XIXe siècle pour comprendre les mécanismes et les processus mis en œuvre. Un siècle plus tard, les concepts que nous allons développer n'apparaissent pas toujours clairement dans les traités de botanique, comme si l'observation du détail y occultait la vision d'ensemble. Pour la saisir, encore faut-il prendre du recul ou de la hauteur. Apparaissent alors les productions successives du principe d'associativité appliqué à l'évolution des modalités de la sexualité végétale.

Soit une mare d'eau douce. Une algue monocellulaire y vit. Elle a conservé un mode d'organisation et de fonctionnement simple et archaïque. Abordons-la courageusement avec le langage technique qu'utilisent les spécialistes pour nous la raconter, quitte à transposer ensuite dans le langage commun : « *Chlamydomonas pseudopertyi* est une algue du groupe des Euchlorovolvocales, algue monocellulaire dont l'individu adulte est nageur et haploïde. Deux modes de reproduction sont possibles. D'abord une reproduction asexuée, par quoi l'individu devient un sporocyste produisant des zoospores dont chacune va devenir un nouvel individu. Ensuite la reproduction sexuée, qui voit l'individu initial se transformer, produisant des zoogamètes par planogamie isogame ; les deux gamètes perdent leur mince tunique cellulosopectique et fusionnent pour produire un zygote diploïde enveloppé dans une coque ornementée ; lorsque l'œuf germe, il en sort un sporocyste méiotique qui donne, par méiose, des zoospores haploïdes dont chacune devient un nouvel individu. »

Décryptons, comme on dit aujourd'hui ! Nous avons affaire à une algue microscopique formée d'une seule cellule. L'intérêt de ces petites algues tient à ce qu'on les observe aisément au microscope dans les eaux douces. Elles présentent un mode de vie extrêmement primitif.

Le corps cellulaire est pourvu d'un noyau et se prolonge par deux cils locomoteurs. Comme la plupart des plantes, même les plus simples dont elle fait partie, *Chlamydomonas* présente deux modes de reproduction possibles :

Le premier s'effectue hors de toute sexualité. La cellule divise son noyau et produit en son sein des spores dont la pression finit par faire craquer sa membrane. Ces spores se répandent dans l'eau ; elles sont identiques à l'individu mère, avec un noyau unique et deux cils.

La reproduction sexuée, elle, commence par la formation de cellules sexuelles, les gamètes, dotés chacun de deux cils, comme la cellule mère. Ces gamètes sont tous semblables et ne portent ce nom que parce qu'ils sont capables de fusionner pour donner un œuf. Impossible de distinguer un gamète mâle d'un gamète femelle par leur seule morphologie. Ce caractère archaïque, c'est l'isogamie : des gamètes semblables. Ils perdent leur membrane et fusionnent pour former un œuf. Celui-ci est entouré par une coque ornementée de dessins en forme de losanges et de rectangles. L'œuf va se subdiviser pour redonner des cellules constituant de nouveaux individus.

Quelle est la différence entre le mode asexué et le mode sexué ? Elle tient à l'originalité du modèle sexuel commun à tous les vivants, bactéries exclues. Comme ici, deux gamètes fusionnent pour donner un œuf. Cette fusion s'effectue par l'addition des chromosomes de chacun des gamètes, de sorte que l'œuf contient deux fois plus de chromosomes que les gamètes qui l'ont produit, soit 2 *n*. L'œuf va ensuite se scinder au gré de divisions normales dites mitoses, de sorte que chacune des cellules qui en dérive contienne le même nombre de chromosomes que l'œuf, soit 2 *n*, par opposition aux gamètes qui n'en contiennent que *n*. Ce nombre *n* varie selon les espèces. Mais, lors de la fusion suivante, les gamètes contiendraient chacun 2 *n* chromosomes, et, en s'additionnant, produiraient un œuf à 4 *n*. Le mécanisme d'associativité s'emballerait de la sorte pour passer ainsi de 4 à 8, de 8 à 16, etc. Or, dans la sexualité, ce mécanisme d'associativité mis en œuvre pour former l'œuf est compensé par un mécanisme de soustractivité destiné à former les gamètes. À un moment donné du cycle, une cellule à 2 *n* subit un mode de division particulier, la méiose, qui aboutit à des gamètes à *n*, ce qu'on appelle réduction chromatique ;

c'est la réduction par deux du nombre des chromosomes entre la cellule mère et les cellules filles.

L'immense majorité des cellules d'un organisme se divisent par mitose, les cellules filles ayant autant de chromosomes que la cellule mère. Mais les cellules qui fournissent les gamètes se divisent, elles, par méiose. Dans notre espèce humaine, les gamètes à *n* chromosomes se forment dans les organes sexuels, ovaires et testicules, où s'effectue la méiose aboutissant à l'ovocyte, communément appelé ovule, et aux spermatozoïdes. Le reste de l'organisme est constitué de cellules à 2 *n*. Les tissus formés de cellules à 2 *n* sont dits diploïdes. Ceux formés de cellules à *n* sont dits haploïdes. Tel est le module de base de la sexualité, immuable dans l'ensemble du monde des eucaryotes.

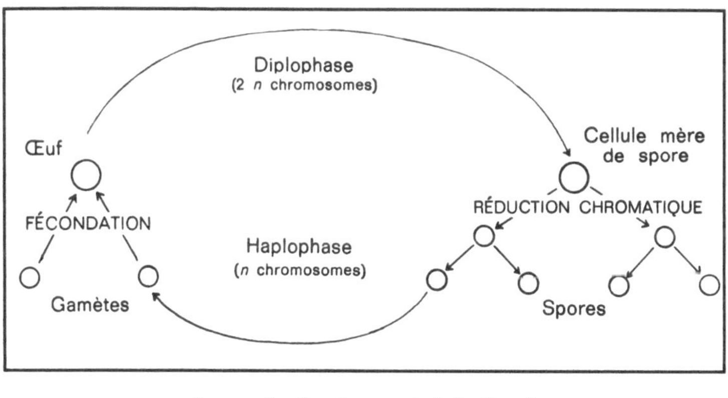

Le cycle fondamental de la vie

Sur ce module, l'évolution a développé d'innombrables scénarii, tous fondés sur ce principe de base. Comme une symphonie module sur un thème donné, la vie brode sur ce thème-là. Comprendre la biologie, comprendre l'évolution, c'est comprendre ce mécanisme incontournable où alternent divisions par mitose et divisions par méiose. Les premières aboutissent à des cellules identiques, par le nombre de leurs chromosomes, aux cellules mères ; les secondes aboutissent à des cellules possédant deux fois moins de chromosomes que les cellules mères, et qui vont fournir les gamètes.

Une différence essentielle distingue les animaux des plantes. Chez ces dernières, la méiose s'effectue dans chaque fleur, lors de la formation des gamètes dans les étamines et les pistils. Il n'existe aucune lignée évolutive où l'on voit un stock de cellules initiales se maintenir durant toute la vie de l'animal, le fameux *germen* producteur exclusif des gamètes. Les plantes sont réitératives : dans chaque fleur redémarre une lignée évolutive qui ne concerne que les gamètes fabriqués par cette fleur. Il n'y a pas de *germen*. Un homme, une femme ont une « fleur » fonctionnant durant toute leur vie sexuelle : ovaires et testicules. Une plante supérieure multiplie ses fleurs et les renouvelle sans cesse. Qu'une mutation survienne dans une cellule dont les descendants aboutiront à la formation d'une fleur, et cette fleur sera différente, par exemple par sa couleur, des autres fleurs de la plante, ce qu'on observe parfois chez les arbres. Rien de tel chez les animaux où les différences consécutives aux mutations n'apparaissent que dans la descendance par addition du gamète muté à un gamète normal. L'œuf porte alors la mutation et, si celle-ci présente quelque avantage, la sélection naturelle la conservera. En ce domaine, l'évolution des plantes supérieures se distingue nettement de celle des animaux supérieurs, comme l'a montré avec beaucoup de pertinence mon collègue et ami Francis Hallé[1].

À partir du type qu'illustre *Chlamydomonas*, on assiste, au fil de l'évolution, à une spécification morphologique des gamètes : il devient possible de distinguer des gamètes mâles et des gamètes femelles par leur forme et leur physiologie.

Dans une algue brune filamenteuse, *Ectocarpus silicosus*, la reproduction commence, comme chez *Chlamydomonas*, par l'émission en mer de cellules toutes identiques, nageuses et n'exerçant entre elles aucune attirance sexuelle. Ces cellules possèdent aussi chacune deux cils. Quand elles arrivent à un certain degré de maturité – leur « puberté », en quelque sorte –, l'une d'elles s'immobilise et perd ses flagelles, tandis que

1. *Éloge de la plante. Pour une nouvelle biologie*, « Points Sciences », Paris, Seuil, 2004.

d'autres organisent une sorte de ballet amoureux en tentant de fusionner avec la cellule immobile. Une seule y parvient. La fécondation a alors lieu, ce qui entraîne le départ immédiat de toutes les autres cellules mobiles vibrionnant autour de la cellule immobile. On considère que celle-ci est un gamète femelle et que celles-là sont des gamètes mâles.

À partir de ce type commence la différenciation sexuelle des gamètes. Les gamètes mâles restent mobiles et petits : ce sont les « spermatozoïdes », baptisés chez les végétaux « anthérozoïdes ». Les gamètes femelles sont plus gros, perdent leurs cils et ont tendance à s'immobiliser, puis à se fixer et à se protéger, tendance qui va en s'affirmant à travers tout le règne végétal, comme d'ailleurs aussi dans le règne animal.

Le gamète femelle est baptisé chez les plantes « oosphère » ; chez les animaux, « ovocyte » ou plus communément « ovule ». Cette terminologie prête à confusion, car botanistes et zoologistes ont si bien travaillé séparément, chacun dans leur pré carré, sans échanger leurs informations, que des cellules ou des organes de même valeur, parfaitement homologues, sont différemment nommés selon le règne auquel ils appartiennent. Tout au long de l'évolution, les oosphères vont se vêtir de tuniques protectrices successives, de sorte que plus on se rapproche des temps présents, plus nombreuses sont ces tuniques, et plus grande est la protection dont bénéficie le gamète femelle.

L'attraction mutuelle entre gamètes est liée à des émissions chimiques induisant un « chimiotactisme » positif lorsqu'ils s'attirent, et un « chimiotactisme » négatif lorsqu'ils se repoussent. Chez *Ectocarpus*, une phase d'attraction est suivie par une autre de répulsion lorsque, l'accouplement réalisé, tous les spermatozoïdes non utilisés sont repoussés loin de l'œuf.

Dès l'origine, dans la mer, la chimie joue donc un rôle essentiel dans la régulation de la sexualité, comme on le voit ensuite sur terre par l'importance des phéromones dans les processus d'attirance réciproque.

Ne quittons pas encore les algues. L'algue rouge *Gracilaria chilensis*, la gracilaire du Chili, est cultivée le long des côtes pour en extraire l'agar-agar, un gélifiant destiné aux industries pharmaceutiques et alimentaires. En moins de vingt ans, ces algues cultivées ont perdu le pouvoir de se reproduire par voie sexuée et de se croiser avec les individus sauvages des populations naturelles. Mais qu'en est-il chez ces dernières ? Le transport des spermatozoïdes ne dépend que des courants, car aucun système d'attraction des gamètes mâles par le gamète femelle n'a pu être mis en évidence. La fécondation a lieu sur la femelle où est fixée l'oosphère, nouvelle étape dans la différenciation des gamètes. Ceux-ci, comme chez toutes les algues rouges – sans doute les algues les plus anciennes –, ne sont pas flagellées, pas plus d'ailleurs que les spermatozoïdes. Par ailleurs, ces derniers ne connaissent qu'une survie de quelques heures. Ces facteurs ne favorisent guère les rencontres entre gamètes, et les fécondations sont rares. D'où l'importance, chez ces algues en forme de bouquets de spaghettis de couleur rouge, de la reproduction asexuée. D'où sans doute, aussi, la présence d'une cellule allongée prolongeant l'oosphère et faisant saillie à la surface de l'algue, le « trichogyne » : les gamètes mâles viennent s'y fixer. On a récemment découvert que les spermatozoïdes compensent leur handicap – l'absence de flagelles – en secrétant un mucilage gluant qui favorise leur accrochage au trichogyne. Une formule que reprendront les plantes à fleurs dont les stigmates, surmontant les ovaires, captent le pollen et l'engluent dans des sécrétions ad hoc. Il n'existe sans doute aucune chronologie évolutive entre *Chlamydomonas*, *Ectocarpus* et *Gracilaria*, ces trois types d'algues appartenant à des lignées séparées ; mais on voit se dessiner, d'un type à l'autre, une nette différenciation du gamète femelle qui, dans le troisième cas, s'accompagne d'une cellule spécialisée, le trichogyne. D'autres suivront, comme on peut le voir chez les *Charae*.

Toujours dans le monde des Algues, voici donc l'étonnant groupe des Charophytes. Après moult hésitations, on a fini par considérer que ce sont des algues vertes dont dériveraient les plantes terrestres. Ces algues ont déjà une allure qui évoque celle des plantes émergées, avec une tige centrale constituant leur axe principal, quelquefois ramifié en dichotomie, caractère considéré comme archaïque et signant l'ancienneté du type. De ces tiges partent des éléments filiformes disposés en verticilles et simulant la forme d'une prèle ou queue de cheval. Les parois des cellules sont parfois calcifiées, ce qui a permis leur fossilisation.

Les cellules femelles sont portées à l'aisselle des axes et des éléments filiformes qui en dérivent. Elles sont de forte taille, fixées sur la plante et protégées – ou retrouve là les trois grandes tendances que l'on décèle dans l'évolution du gamète femelle, l'oosphère. Celle-ci aussi se calcifie chez les Charophytes, et les fossiles y sont nombreux.

Les plus anciennes remontent au silurien, à environ - 430 millions d'années. L'oosphère est protégée par une sorte de « cache-col » qui s'enroule en spirale autour d'elle, « des pieds à la tête », dans le sens des aiguilles d'une montre. C'est encore le cas chez les Charophytes actuels, en particulier dans le genre *Chara*, vivant dans les eaux douces, qui seraient les ancêtres les plus probables, vivant toujours sous nos yeux, de toutes les plantes terrestres. Chez les espèces fossiles, qui se sont éteintes très tôt, il existe bizarrement de pseudo-« cache-col » ou siphons, enroulés autour des oosphères, mais, cette fois, dans le sens contraire à celui des aiguilles d'une montre. Chez elles, les « cache-col » sont formés d'un verticille de cellules tordues spiralées qui emballent l'oosphère dans une tunique protectrice.

Par associativité, une tunique supplémentaire vient recouvrir la première dans le rameau des Clavatoracées. Et, pour faire bonne mesure, dans un autre rameau des Charophytes, le pore apical qui laissait ouvert l'accès sommital de l'oosphère se referme, amorçant un mouvement qui ne se démentira plus tout au long de l'évolution, et qui culminera chez les plantes dans la formation de l'ovule.

Des Characées aux Mousses, il n'y a qu'un pas que nous nous garderons de franchir dans la mesure où il s'agit de deux lignées évolutives vraisemblablement indépendantes. Les Mousses forment un vaste ensemble d'environ vingt-cinq mille espèces. Comme les Charophytes, elles ont une allure qui rappelle celle des plantes terrestres, ce qu'elles sont d'ailleurs. Formées d'une tige de modeste dimension, d'où partent de minuscules feuilles vertes, elles ne sont irriguées par aucun système de vaisseaux conducteurs de sève. Lorsque, dans les groupes suivants, ces vaisseaux apparaîtront, l'irrigation interne en sera améliorée et leur taille évoluera vers des architectures de dimensions plus conformes à l'idée que nous nous faisons des plantes.

À l'extrémité des petits rameaux des Mousses, des oosphères s'installent, contenues dans une sorte de bouteille formée de plusieurs cellules, désignée par le nom d'« archégone ». La bouteille est ventrue et, au-dessus de l'oosphère, son col se resserre, formant une sorte de goulot ouvert par lequel pénétreront les anthérozoïdes ciliés et nageurs, comme ils l'étaient aussi chez les Charophytes. La mousse a donc besoin d'eau pour acheminer ses anthérozoïdes vers le gamète femelle contenu dans l'archégone. Il s'agit certes d'une plante terrestre, mais sa reproduction reste tributaire de l'eau, comme les plantes aquatiques, d'où la présence des mousses dans les milieux humides et ombragés. Celles qui poussent, quasi desséchées, sur des murs exposés au soleil bénéficient de la capacité de subsister à l'état ralenti, en sommeil en quelque sorte, et de revivre dès que l'humidité apportée par une pluie est revenue : il s'agit d'un phénomène de reviviscence. Les spermatozoïdes peuvent dès lors nager pour atteindre les archégones.

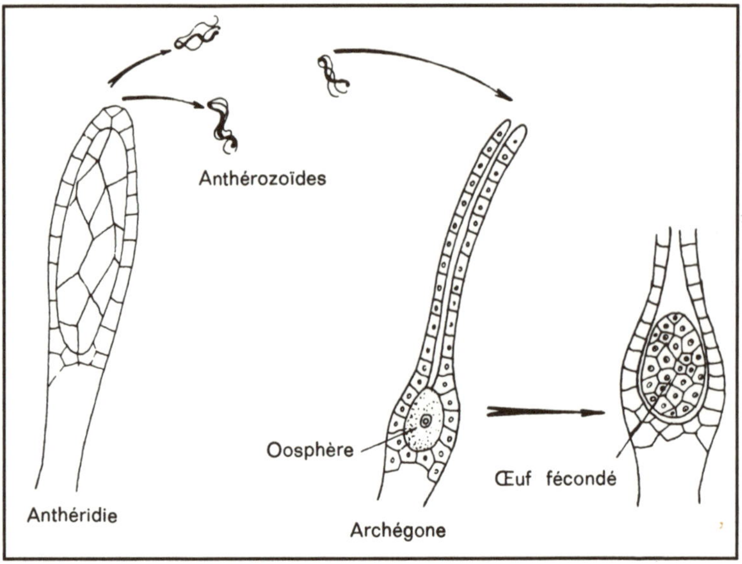

La reproduction d'une Mousse

Les anthérozoïdes ciliés et nageurs, émis par l'anthéridie, atteignent le col de l'archégone. Après fécondation de l'oosphère, l'œuf formé se divise aussitôt.

Comme chez les Charophytes, nous voyons à nouveau, chez les Mousses, une enveloppe protectrice autour de l'oosphère. Si, chez les Charophytes, l'enveloppe ressemblait à un cache-col savamment enroulé vers la droite ou vers la gauche, chez les Mousses il s'agirait plutôt d'une sorte de « maillot de corps », telle la première « tunique » censée nous protéger, nous, humains... Nous sommes ainsi arrivés, par addition de ces « tuniques » ou de ces « cache-col », au stade d'une oosphère pourvue d'une tunique. Ces plantes aux origines concomitantes remontent à l'ère primaire, lorsque la vie a émergé des océans. Elles n'ont guère évolué depuis lors, comme l'attestent leurs fossiles, très rares chez les Mousses.

La végétation actuelle comporte des plantes de complexités et d'âges différents sans que les plus modernes, les plantes à fleurs, aient éliminé les plus anciennes. Il en va de même des bactéries : malgré leur formidable ancienneté, elles se portent parfaitement bien dans le monde végétal tel qu'il existe aujourd'hui.

Qu'ont en commun les Charophytes et les Mousses ? D'abord, de dériver des algues vertes et de posséder, comme elles, de la chlorophylle *a* et *b*, patrimoine chlorophyllien un peu différent de celui des autres algues, rouges, brunes ou jaunes. Les Charophytes sont encore aquatiques, tandis que les Mousses représentent une première tentative de colonisation des terres émergées, moyennant pourtant des résultats limités puisqu'elles ont besoin d'eau pour se reproduire.

Un autre trait est partagé par les plantes de ces deux groupes : elles inventent l'architecture commune des plantes supérieures, soit une tige d'où partent des éléments verts, étroits chez les *Charae*, plus larges, quoique minuscules, chez les Mousses. Ce type d'architecture, baptisé « cormus », tranche avec les architectures fantaisistes des algues, qui présentent rarement une architecture en cormus. On n'y distingue en général ni véritables tiges, ni feuilles ni racines, mais une masse de cellules contiguës formant des tissus peu différenciés, comme on le voit chez les ulves ou laitues de mer, ces fameuses algues vertes qui polluent les côtes bretonnes, ou encore chez les fucus, qui forment le canapé sur lequel sont servies les huîtres. De telles structures sont des thalles. Chez les plantes plus évoluées, l'architecture en cormus va s'imposer. Elle connaîtra certes des exceptions, comme dans les régressions parasitaires où le cormus finit par ressembler à des filaments de champignons.

Autre point commun entre *Charae* et Mousses : ni les unes ni les autres n'ont inventé le bois, encore que de fragiles ébauches se décèlent chez les Mousses. Mais le bois n'y est jamais fonctionnel. Dans l'étape suivante de l'évolution, il va apparaître sous la forme de vaisseaux ligneux dans lesquels circulera l'eau puisée dans le sol par de vraies racines, ligneuses elles aussi. C'est là un dispositif parfaitement étranger aux Mousses. Ces vaisseaux ligneux à parois rigides sont associés en faisceaux qui résolvent pour la plante un double problème : celui de son irrigation interne, qui lui permet d'atteindre une taille respectable inconcevable chez les Mousses – d'où leur taille insignifiante ; mais aussi celui du squelette grâce auquel la plante peut désormais adopter un port dressé et de bonne dimension. Ce squelette est d'ailleurs renforcé par des cellules ligneuses particulières, sans rôle conducteur, noyant les faisceaux dans un tissu rigide. Telle est l'invention majeure, pour l'architecture de la plante, que réussissent les Ptéridophytes, le monde des Fougères.

CHAPITRE 6

L'addition des « tuniques » protectrices

Bien représentés par les Fougères, les Ptéridophytes sont riches en plantes fossiles. Laquelle, parmi elles, a inventé le premier vaisseau de bois ? Pendant des décennies, les étudiants en botanique ont appris que cette performance était à porter à l'actif d'une plante fossile du Dévonien, vieille de 400 millions d'années. Ce fossile a été trouvé près de la ville de Rhynie, non loin d'Aberdeen, en Écosse. On le baptisa *Rhynia*. Les botanistes rendirent hommage aux *Rhyniae* pour avoir été les premières plantes à fabriquer des vaisseaux de bois, atteignant de ce fait une taille supérieure à celle des Mousses : de 20 à 50 centimètres.

En étudiant les vaisseaux des *Rhyniae*, on s'aperçut cependant qu'ils présentaient des structures jamais plus retrouvées chez les plantes plus récentes à vaisseaux plus évolués et plus fonctionnels. Les

Rhyniae représentent donc un cul-de-sac de l'évolution. Ils se sont éteints au Dévonien moyen sans descendance connue. *Exit*, donc, le rôle de plante vasculaire archétypale joué par *Rhynia*. Ce statut est désormais assumé par *Cooksonia*.

Les fossiles de *Cooksonia* remontent au Silurien moyen et sont donc antérieurs de quelques dizaines de millions d'années à ceux de *Rhynia*. Les *Cooksoniae* sont des plantes sans feuilles, à port de jonc, dont les tiges dressées se subdivisent chacune en deux branches par dichotomie, caractère commun à de nombreuses plantes très anciennes, signant leur archaïsme. Les *Cooksoniae* et quelques-uns de leurs cousins formaient, au bord des rivières et des étangs, une végétation rase mais dense de taille modeste. On les considère comme les premières plantes terrestres, avec peut-être les Mousses, mais ces dernières sur une autre lignée évolutive. Au début du Dévonien, *Cooksonia* cède la place à des plantes vasculaires plus grandes et plus robustes. Elles inaugurent la lignée des Lycophytes, toujours présentes dans nos flores contemporaines par les Lycopodes et les Sélaginelles.

En science comme ailleurs, on ne découvre que ce qu'on cherche, et l'on ne voit que ce qu'on regarde… Les paléobotanistes se sont peu intéressés à l'évolution de l'archégone et de sa position chez les espèces fossiles. Il est donc difficile de suivre l'évolution de l'oosphère et de ses protections successives en se rapportant aux informations fournies par la paléobotanique. On contournera l'obstacle en observant les représentants des Ptéridophytes encore présents de nos jours, témoins souvent épars et isolés de groupes fortement décimés. Mais l'on bute alors sur une autre difficulté : l'évolution de l'architecture de la plante, son appareil végétatif, ne se fait pas en parallèle avec celle de son appareil sexuel. Il y a souvent dyschronologie entre eux. Certaines espèces, comme les Fougères, ont poussé très loin l'évolution de l'appareil végétatif, comme on le voit à la richesse de leurs formes et aux tailles impressionnantes qu'elles atteignent lorsqu'elles sont arborescentes ; mais leur appareil sexuel reste rudimentaire. D'autres, sur une autre lignée évolutive, ont fait l'inverse : elles présentent des architectures végétales modestes, avec des feuilles encore primitives, mais des performances étonnantes en ce qui concerne le développement de leur sexualité. D'autres, enfin, ont préféré le juste milieu et s'intègrent au centre de ce dipôle. Pourtant, dans chaque lignée, l'évolution de l'appareil femelle suit la même voie. Mais ce qu'il nous en reste chez certaines d'entre elles, ce ne sont que des « flashes » correspondant à des états évolutifs plus ou moins avancés, seuls vestiges conservés de leur longue histoire.

Des *Cooksoniae* et autres *Rhyniae* les Fougères ont conservé l'organisation fondamentale en cormus – en l'occurrence, ici, des cormus solidement construits avec des racines, des tiges et des feuilles vascularisées. On observe, sur les faces inférieures des grandes feuilles de fougères qualifiées de frondes, des petits amas brunâtres qui, examinés à la loupe, révèlent un ensemble de petits points bien discernables. Chacun d'eux est un sporange, ou boîte à spores. Par rapport aux cellules mères qui leur ont donné naissance par méiose dans les sporanges, ces spores sont haploïdes et ne possèdent donc que *n* chromosomes. Avec le temps, la paroi du sporange se brise et les spores tombent sur le sol. Si l'humidité est suffisante, elles germent et donnent une lame verte, vaguement en forme de cœur, ressemblant plus à un thalle qu'à un cormus : c'est le prothalle. Sur ce prothalle vont se former des anthéridies, porteuses d'anthérozoïdes, et des archégones, chacune porteuse d'une oosphère. Contrairement à ce qu'il en est chez les Mousses, l'archégone n'est plus perchée au sommet de la plante, mais fichée dans le prothalle, et donc mieux protégée dans la mesure où les tissus de celui-ci engloutissent une bonne moitié de l'archégone ; seuls les cols de ces petites bouteilles émergent en surface. Ils seront atteints par des anthérozoïdes nageurs qui descendront dans le goulot de l'archégone et fusionneront avec l'oosphère d'une taille bien supérieure à la leur. Grosses, fixées et protégés : telles sont toujours les caractéristiques de l'oosphère. Mais, par rapport aux Mousses, cette protection est améliorée par l'insertion de la base de l'archégone dans les tissus du prothalle. Les anthérozoïdes nagent vers l'archégone et l'oosphère, la fécondation a lieu, les gamètes s'additionnent, et l'œuf à 2 *n* se développera pour donner à nouveau une fougère adulte. À ce stade, les anthérozoïdes sont toujours ciliés et nageurs, et la fécondation ne peut se faire qu'en présence d'eau.

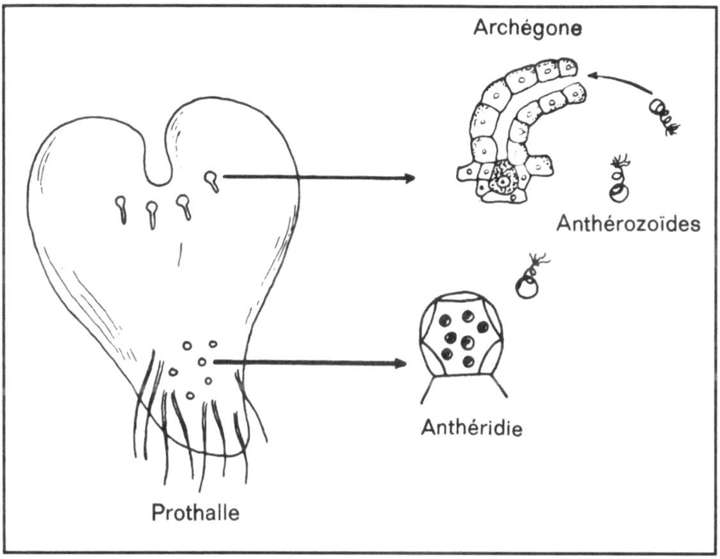

La reproduction d'une Fougère
Un prothalle unique en forme de cœur porte des anthéridies et des archégones. La fécondation se fait par anthérozoïdes ciliés, comme chez les Mousses.

Sexuellement plus évoluées que les Fougères, les Prèles, ou Queues-de-cheval, font partie de nos plantes familières. Leur architecture simule celle des *Charae*, avec une tige dressée d'où partent d'un même point de nombreuses feuilles réduites à des lanières vertes et étroites, dispositif dit « en verticille ». Certaines de ces tiges, plus précoces, sont plus simples. Elles abandonnent la chlorophylle, donc le travail usuel des plantes, pour se consacrer à leur seule reproduction. Les sporanges sont disposés en épis terminaux et, à leur ouverture, les spores, toujours à *n* chromosomes, se répandent sur le sol. Elles sont pourvues d'extensions de leur épiderme favorisant leur dispersion : les élatères. Sensibles au degré d'humidité et à la richesse organique du sol qui les accueille, elles vont évoluer vers deux types de prothalles : certains ne portant que des anthéridies sur des sols moins généreux, d'autres ne portant que des archégones sur des sols plus riches. Toujours ce souci témoigné par la nature au sexe portant la vie ! Les prothalles mâles sont de petite taille, et les anthéridies disposées en surface. Les prothalles femelles sont plus grands et diverticulés, leur base se prolongeant par de longues péninsules ou diverticules, lesquels simulent une côte déchiquetée où les archégones s'installeraient au fond de criques bien protégées. L'archégone est presque entièrement enfoncé dans les tissus du prothalle : la voici mieux protégée que celle des Fougères par l'amas de cellules de ces prothalles qui la bordent.

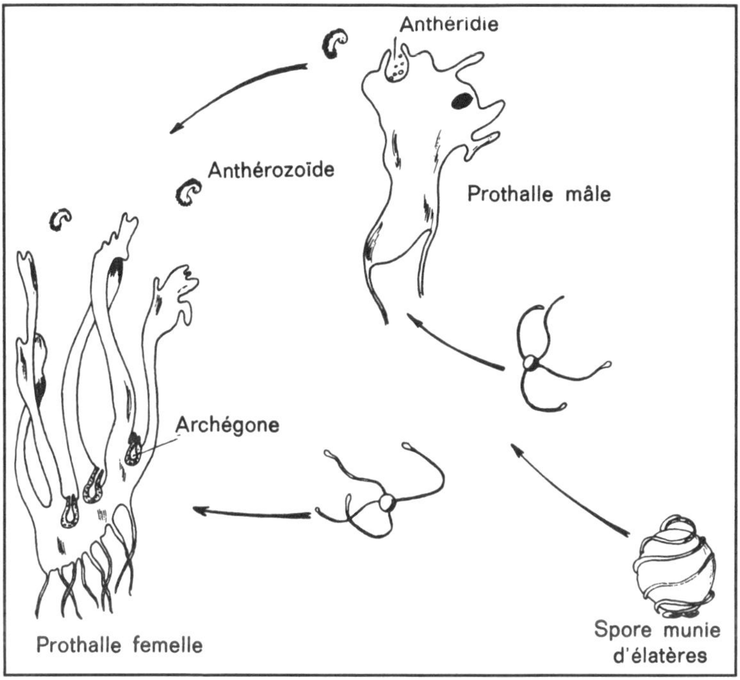

La reproduction d'une Prèle

Les spores, toutes identiques et munies d'élatères, donnent deux types de prothalle. Le prothalle femelle porte des archégones, cachés dans les diverticules de la lame prothallienne ; le prothalle mâle, plus petit, porte des anthéridies. La fécondation s'effectue toujours par anthérozoïdes nageurs (selon Deysson).

Chez les Sélaginelles, autre lignée évolutive des Ptéridophytes, le mouvement de protection de l'archégone atteint, dans cet embranchement, son point culminant. Les Sélaginelles sont originaires des tropiques et leur feuillage tendre, formé de feuilles très réduites, leur confère une allure ornementale. Elles n'impressionnent guère par leur taille, mais elles ont poussé plus loin que les Fougères et les Prèles l'organisation de leur sexualité, et surtout, « obsession de l'évolution », la protection de leurs gamètes femelles, les oosphères. Comme chez les Prèles, les sporanges sont portés par des épis terminaux. Ceux du sommet de l'épi sont petits et produisent une poussière de spores minuscules, les microspores. Ceux de la base de l'épi sont plus volumineux et ne produisent que quatre spores de bonne dimension, les macrospores ; bien rangées toutes les quatre dans le gros sporange, elles distendent sa paroi comme quatre balles de tennis dans leur filet. Les microspores germent après émission sur le sol et donnent des prothalles insignifiants. Une seule cellule forme ce prothalle : elle porte une anthéridie très simple d'où émaneront des anthérozoïdes ciliés et nageurs. Les macrospores donnent au contraire chacune un gros prothalle par division de la spore. Ce prothalle gonfle à l'intérieur de l'épaisse paroi de cette spore, et finit par la faire éclater ; la région supérieure du prothalle qui est en contact avec l'extérieur est chlorophyllienne ; plusieurs archégones y sont profondément fichés, leur col s'ouvrant à la surface des tissus qui l'enserrent ; au cœur du prothalle, les cellules ne sont plus chlorophylliennes mais accumulent des matières organiques qui serviront à nourrir l'œuf au moment de sa germination.

À partir de ce stade, et par associativité, de nouvelles tuniques protectrices se discernent autour de

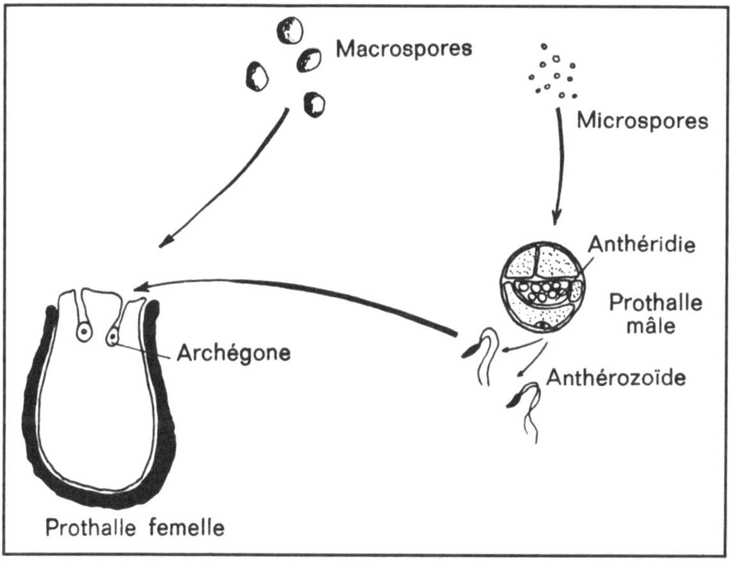

La reproduction d'une Sélaginelle

Des spores minuscules (microspores) donnent de petits prothalles munis d'une seul anthéridie. Les grosses spores (macrospores) produisent des prothalles beaucoup plus grands, porteurs d'archégones. La fécondation s'effectue, comme dans les cas précédents, par anthérozoïdes ciliés (selon Deysson).

l'archégone et de l'oosphère qu'elle contient : ce sont les tissus du prothalle lui-même, protecteur et nutritif, et l'épaisse membrane de la spore qui lui a donné naissance.

Nous avons atteint là un nouveau palier dans l'évolution de l'appareil sexuel des végétaux : l'oosphère est désormais enfermée dans les parois de l'archégone, tunique n° 1, dans la masse cellulaire du prothalle, tunique n° 2, et dans les parois de la macrospore, tunique n° 3. D'où la formule : oosphère + 3.

Pourtant, aucune de toutes ces plantes ne s'est encore arrachée à une sexualité de type algal, laquelle est étroitement inféodée à la présence de l'eau qui permet à l'anthérozoïde nageur et cilié de rejoindre l'oosphère. Aucune ne pourrait survivre en l'absence d'un milieu aquatique, fût-il intermittent – beaucoup d'entre elles peuvent en effet résister à l'état latent en attendant qu'une pluie permette la sortie des anthérozoïdes et leur migration vers les archégones des prothalles femelles. À l'inverse, à ce stade de l'évolution, les appareils végétatifs et leurs architectures sont désormais parfaitement indépendants du milieu marin primitif, encore que l'eau reste nécessaire à leur vie ; mais, par les vaisseaux des racines et des tiges, ils la puisent dans le sol pour effectuer la photosynthèse dans les feuilles. Port résolument terrestre, sexualité encore marquée par les origines : ces Ptéridophytes, notamment les Sélaginelles, annoncent les étapes suivantes de l'évolution végétale avec apparition de l'ovule, puis de la graine.

Le stade évolutif atteint par les Sélaginelles a été aussi obtenu par d'autres lignées évolutives du vaste embranchement des Ptéridophytes, avec deux types de sporanges, deux types de spores et deux types de prothalles. L'étape suivante de l'évolution va pousser plus avant la protection de l'oosphère à partir de ce socle archétypique baptisé des termes savants « hétérosporie » et « hétéroprothallie ».

Sur ce modèle désormais bien fixé, les plantes ont construit des arbres de grande taille, aujourd'hui disparus, tel *Archaeopteris*, culminant à plus de 30 m avec un tronc d'1,50 m de diamètre. Au Dévonien moyen, il y a 380 millions d'années, au cœur de l'ère primaire, ces arbres dominaient le paysage partout dans le monde. Leur sexualité était celle des Sélaginelles, car tout étant, comme elles, hétérosporangés et hétéroprothallés, ils continuaient de répandre leurs spores sur le sol. *Archaeopteris* et les grandes forêts qu'il constitua s'effaça à la fin du Dévonien, ère cruciale pour les végétaux, car leur sexualité allait désormais s'arracher totalement à l'influence aquatique.

Quels végétaux ont réussi les premiers cette performance décisive ? C'est la fameuse question récurrente des commencements dont les origines nous échappent... Mais, en interrogeant les fossiles de la fin du Dévonien, on observe des arbres de bonne taille qui poussent plus avant le processus ici décrit. Désormais, les macrosporanges ne répandent plus sur le sol leurs macrospores ; celles-ci y restent enfermées et les macrosporanges restent fixés sur l'arbre. Du côté du sexe femelle, il n'y a plus de chute au sol.

Dans le macrosporange, une cellule mère de spores donne par méiose quatre spores à *n* chromosomes, dont une seule germe et donne le prothalle femelle. La fécondation s'effectue cette fois sur l'arbre par des prothalles mâles réduits à une seule cellule porteuse d'une anthéridie extrêmement simplifiée. Ce micro-organe mâle prend le nom de grain de pollen ; il est disséminé par le vent. C'en est fini de la fécondation par voie aqueuse. Dans un genre voisin, fossile lui aussi et appartenant à l'ordre des Lycophytes, la feuille de l'épi, sur laquelle est fixé le macrosporange, se replie sur ce dernier, resté en place sur la plante, et l'enveloppe en formant une nouvelle tunique.

Un tel processus évolutif s'est développé en parallèle dans la lignée des Fougères et dans celle des Sélaginelles. Cette poussée évolutive, apparaissant simultanément à la fin du Dévonien, aboutit à la formation d'un nouvel organe végétal : l'ovule.

Qu'est-ce qu'un ovule ? C'est une oosphère contenue dans son archégone (tunique n° 1), laquelle est enfoncée dans le prothalle femelle (tunique n° 2). Celui-ci reste contenu dans la membrane de la spore et du macrosporange qui convergent plus ou moins en une nouvelle tunique, le « nucelle » (tunique n°3). Celui-ci est à son tour enveloppé par la feuille qui, sur l'épi, portait le macrosporange (tunique n° 4). Cette feuille prend le nom de « tégument ».

Les Lycophytes auteurs de ces avancées évolutives n'ont pas survécu, et pas davantage les étranges Fougères à graines qui, dans une autre lignée évolutive, ont connu les mêmes progrès et le même sort.

En 1904, les propos du botaniste Oliver firent sensation : jusque-là, il était acquis que les Fougères étaient dépourvues de fleurs, de fruits et de graines. Or, en examinant des fossiles, Oliver prétendit avoir découvert une fougère porteuse de graines. L'idée parut saugrenue et fut reçue avec scepticisme. Que penserait-on d'un zoologiste décrivant la dentition des poules ou la colonne vertébrale du ténia ? Mais, après examen minutieux, il fallut bien se rendre à l'évidence : certaines fougères fossiles qui avaient posé de délicats problèmes de détermination n'étaient, malgré leur apparence, pas de vraies fougères. Elles ressemblaient certes comme des jumelles à nos fougères actuelles, mais leur fronde ne portait ni sporange, ni spores, mais des ovules – d'où leur nom de Fougères à graines. La flore généreuse du Carbonifère qui nous a laissé les gisements de charbon comportait ces deux types de fougères. Seules les moins évoluées sexuellement ont survécu et sont arrivées jusqu'à nous. Quant aux Fougères à graines, pourtant plus évoluées, elles sont allées enrichir les cimetières de fossiles, sans nous atteindre.

Ces fougères saugrenues ne portaient pas vraiment des graines, mais seulement des ovules. Le terme « ovule », passé dans le vocabulaire courant de la botanique, prête à confusion, comme on l'a dit, les zoologistes réservant ce terme aux seuls gamètes femelles. Pour les botanistes, le gamète femelle est l'oosphère ; l'ovule, lui, est un organe complexe dans lequel l'oosphère est protégée par quatre tuniques successives et empilées. Pour atteindre les archégones, le gamète mâle pénètre à travers cet alignement par un port ménagé à cet effet dans le tégument, au sommet de l'ovule : le « micropyle ». Il traverse ensuite le nucelle et le prothalle, atteint le col de l'archégone et poursuit son chemin vers l'oosphère au sein de cette dernière. Par rapport aux sporanges de fougère, l'ovule représente des avantages évolutifs évidents : germination de la macrospore dans le sporange, donc à l'abri des aléas du milieu ; protection accrue des archégones ; économie de macrospores qui ne sont plus dispersées au hasard dans le milieu extérieur.

Les Fougères à graines se sont éteintes à la fin de l'ère secondaire. Leurs ovules étaient de grande dimension, et un arbre contemporain, le *Ginkgo biloba*, nous en donne une idée. Le Ginkgo se singularise par la forme inhabituelle de ses feuilles en éventail, fendues en deux lobes : d'où le nom de l'espèce, *biloba*. Ce type de feuilles n'existe plus

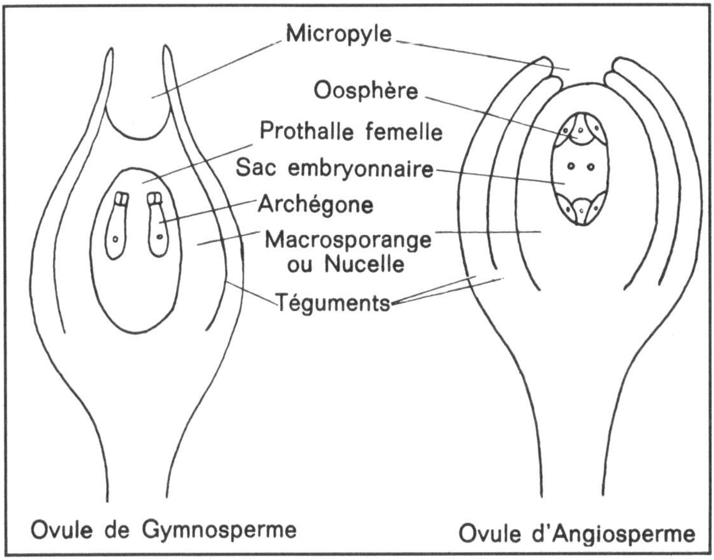

Les ovules

À gauche, un ovule de Gymnosperme avec son prothalle femelle porteur d'archégone. À droite, un ovule d'Angiosperme, avec deux téguments et un prothalle femelle ou « sac embryonnaire » réduit à 8 cellules. Sur le schéma, ce sac embryonnaire est très grossi.

chez aucun arbre actuel, mais il était courant chez nombre de ceux qui ne nous sont parvenus que sous forme de fossiles. Les nervures se ramifient en dichotomie, fait unique chez un arbre, signant sa vénérable ancienneté. L'espèce est dioïque : il existe donc des arbres mâles et des arbres femelles. Plus ramassé que son homologue mâle, l'arbre femelle porte, à l'aisselle des feuilles, des ovules disposés par paires, dont l'un avorte rapidement. L'autre reste sur l'arbre et le grain de pollen emporté par le vent l'y atteindra ; il reste retenu sur l'ovule par une gouttelette exsudant du micropyle. De chaque anthéridie s'échappent deux gamètes ciliés. Sous le micropyle, le macrosporange ou nucelle se gélifie, de sorte que les anthérozoïdes ciliés nagent, pénètrent dans l'archégone et fusionnent avec l'oosphère.

Entre l'arrivée du pollen et la fusion des gamètes, plusieurs mois peuvent s'écouler ; entre-temps, l'ovule grossit, prend l'aspect d'une mirabelle et tombe de l'arbre. À l'intérieur, l'œuf se divise pour former un embryon. Fécondés ou non sur l'arbre, les ovules tombent au sol et peuvent y être fécondés par du pollen volant. L'ovule non encore fécondé est souvent considéré comme un fruit, qu'il n'est en aucun cas, ou comme une graine, ce que, très souvent, il n'est pas non plus, pour être tombé sur le sol avant fécondation. Car une graine est un ovule fécondé, et un fruit, l'expansion d'une cinquième tunique qui n'existe pas encore à ce stade.

Le gros ovule du Ginkgo annonce l'apparition des graines au Carbonifère. L'approfondissement de la biologie du Ginkgo, des Fougères à graines et des Lycophytes – trois lignées arborescentes parallèles – a donc creusé un fossé entre les plantes à ovules et les plantes à graines. Les premières sont ovipares : elles émettent dans le milieu extérieur un ovule parfois non fécondé, et le jeune embryon se développera sans bénéficier des ressources de la plante mère à laquelle il n'est le plus souvent pas rattaché. Les secondes sont vivipares : la plante mère reste en contact étroit avec l'ovule fécondé et alimente l'embryon en formation par l'intermédiaire du placenta, point d'insertion de l'ovule. La séparation physiologique ne se produit qu'après maturation de la graine, et c'est un embryon tout formé dans sa graine qui se détache de la plante. Ainsi protégé, il pourra attendre longtemps des conditions favorables à la germination.

Nous voici parvenus au stade oosphère + 4, soit parois de l'archégone + prothalle femelle + nucelle + tégument. On ne s'étonnera pas que se poursuive ce mouvement visant à protéger mieux encore la précieuse oosphère.

La tentative d'organiser une cinquième paroi autour de l'oosphère se dessinait déjà au Dévonien supérieur, alors que la tendance à la constitution de l'ovule se confirmait. Autour de l'ovule en formation apparut une cupule : l'ovule était ainsi installé, seul ou avec d'autres, dans sa cupule comme l'est le gland du chêne dans la sienne. Mais cette amorce de cinquième tunique en resta là, et ces végétaux pionniers ont tous disparu.

Une autre tentative se dessine chez des plantes cette fois familières, les Conifères. Leurs graines – des ovules fécondés où l'embryon se trouve à l'état latent – sont enfermées dans des cônes : cônes de sapin ou pommes de pin. Pourtant, au moment de la fécondation, les grains de pollen s'insinuent entre les bractées du cône qui, à ce stade de sa maturation, ne sont pas soudées les unes aux autres. L'ovule est donc en contact direct, au moment de la fécondation, avec le milieu extérieur. C'est seulement après la fécondation que les bractées s'épaississent et deviennent congruentes. La pomme de pin est alors entièrement fermée, verte et charnue, et les graines bel et bien protégées par un nouveau dispositif. Lorsqu'elle est mûre, les bractées de la « pomme » brunissent, se dessoudent, s'écartent et répandent les graines sur le sol.

Mais l'évolution sexuelle n'est toujours pas arrivée à son terme. Tout se passe comme si l'aptitude des Conifères à permettre au pollen, malgré l'architecture du cône, d'entrer en contact direct avec l'ovule, devait être portée à leur désavantage. Aussi ne forment-ils plus qu'un groupe réduit de six cents espèces dont rien ne permet de dire qu'elles connaîtront un avenir évolutif. C'est ailleurs qu'il faut chercher l'origine du groupe des plantes les plus évoluées : les plantes à fleurs.

Celles-ci sont apparues au Crétacé, il y a 130 millions d'années, à la fin de l'ère secondaire, et peut-être même avant. Elles se sont rapidement révélées de redoutables compétitrices vis-à-vis des Conifères qui, plus tôt, constituaient les grandes forêts du Jurassique, avec leurs fameux dinosaures. Elles possèdent, sur les conifères, deux avantages sélectifs majeurs. Le premier, qui concerne directement notre démonstration, est l'enfouissement de l'ovule et de la graine, qui n'est autre qu'un ovule fécondé, dans une nouvelle tunique, la cinquième, qualifiée d'ovaire. Le second est d'avoir ajouté à la fécondation par le vent celle réalisée par les animaux, au premier chef les insectes, mais aussi les oiseaux sous les tropiques. D'où le déploiement des multiples attributs et des charmes des fleurs, non pas séductrices à notre endroit, comme certains sont enclins naïvement à le croire, mais, bien sûr, pour les animaux qui les pollinisent.

Revient ici la même question : quelle est donc la plante qui aurait inventé l'ovaire, puisque les plantes à cupules n'ont pas abouti à l'enfermement de l'ovule, et ont disparu ? Charles Darwin écrivit que l'origine des premières plantes à fleurs constituait un abominable mystère. Un siècle et demi plus tard, elle le reste.

Parmi les flores contemporaines, trois genres attirent l'attention : les *Ephedrae*, plantes à l'allure de prêles, abondantes dans les steppes d'Asie centrale, et qui synthétisent une molécule stimulante, l'éphédrine (les Afghans l'ont baptisée *djarou*, c'est-à-dire

« balai », car ils l'utilisent en effet pour fabriquer des balais) ; les *Gnetum*, lianes rarement arborescentes des régions tropicales ; et enfin *Welwitschia*, étrange monstre végétal des régions désertiques, littorales et nébuleuses du Sud-Ouest africain (désert du Kalahari, en Namibie). Ces genres appartiennent à des lignées évolutives sans doute différentes et chacun est l'unique représentant de sa famille botanique, elle-même unique représentante d'un ordre donné. C'est dire leur isolement au sein du règne végétal.

Ces trois genres ont néanmoins un point commun : les ovules y sont enfermés dans une sorte d'outre ouverte à son extrémité et qui, pour cette raison, ne fait pas obstacle à la chute du pollen directement sur le micropyle. L'ovaire se dessine donc, mais n'est pas encore fermé. L'un de ces genres est-il l'ancêtre de toutes les plantes à ovaires et à fleurs chez lesquelles cette cinquième tunique est cette fois fermée, emballant les ovules dans un véritable ovaire clos ? Cette hypothèse est tenue pour peu probable. Être parvenus à cette fin n'en vaut pas moins aux Angiospermes leur nom, c'est-à-dire plantes dont les graines sont enfermées dans des ovaires clos.

CHAPITRE 7

Lignées évolutives au sein des plantes à fleurs

Les Angiospermes réduisent à l'extrême la phase haploïde à *n* chromosomes. Le sexe mâle, le grain de pollen, se trouve réduit à sa plus simple expression : soit deux cellules, dont l'une vaut anthéridie et fournira deux anthérozoïdes. Le prothalle femelle se simplifie aussi à l'extrême, avec deux cellules portant deux fantômes d'archégone, chacun réduit à trois cellules, dont une oosphère. Au total, donc, huit cellules, dont une seule oosphère fonctionnelle. L'ensemble du dispositif femelle prend le nom de « sac embryonnaire ». Véhiculés par le vent ou les animaux, les grains de pollen aboutissent sur la partie réceptive de l'ovaire : le stigmate. Ils germent et émettent de longs tubes polliniques qui amènent l'anthérozoïde jusqu'au sac. À l'extrémité du tube progressent deux anthérozoïdes non ciliés. Véhiculés par le tube, ils n'ont plus besoin de nager. L'ultime souvenir de la fécondation en milieu aqueux s'évanouit. Un anthérozoïde fusionne avec l'une des deux oosphères, la seule à être fonctionnelle, pour donner un œuf. Mais le second fusionne à son tour avec les deux cellules résiduelles du prothalle femelle pour former un œuf à 3 *n* chromosomes : c'est la grande nouveauté des Angiospermes. Lors de la maturation de l'embryon, cet étrange œuf surnuméraire se divise pour donner un tissu à 3 *n*, l'albumen, riche en substances de réserve. C'est dans ce tissu que puisera le jeune embryon lors de sa germination, pour grandir jusqu'à émettre ses premières racines dans le sol et acquérir l'autonomie alimentaire. Quant à l'ovaire clos, soumis à des influences hormonales, il se transformera, après fécondation, en fruit, autre innovation des Angiospermes.

Cette double fécondation est caractéristique des plantes à fleurs et laisse penser qu'elles descendent toutes d'un ancêtre commun, l'inventeur du processus. Mais quel est-il ?

Une double fécondation semble avoir été observée chez un *Ephedrae* – *Ephedra campylopoda* – où l'oosphère se trouve fécondée en même temps qu'une autre cellule du prothalle femelle. Or les *Ephedrae* figurent, on l'a vu, dans le groupe faisant transition entre Gymnospermes (les Conifères) et Angiospermes. Le sentiment qui prévaut est que l'Angiospermie, avec sa double fécondation si caractéristique, se « cherche » dans des groupes plus anciens, comme l'ovule se « cherchait » lui aussi sur plusieurs lignées évolutives.

Selon des études récentes, *Amborella trichopoda*, de Nouvelle-Calédonie, serait à l'origine de toutes les Angiospermes existantes. Cet arbuste à feuilles persistantes réunit une série de caractères considérés comme archaïques : disposition spiralée des pièces sur le réceptacle de la fleur, nombre de pièces variable et non fixé, à la différence des Angiospermes plus évoluées à type fixé, enfin ovaire non fermé au sommet. La cinquième tunique n'est pas encore fonctionnelle ; mais il y a un sac embryonnaire, une double fécondation et un albumen volumineux : nous sommes bien chez les Angiospermes.

Chez les plantes à fleurs, l'ovaire prend le nom de pistil. Celui-ci est formé d'une ou de plusieurs feuilles réduites et modifiées, les carpelles, qui s'agencent pour former une urne close contenant un ou plusieurs ovules logés dans une ou plusieurs loges. La position respective des ovules et des carpelles est un caractère très utilisé dans les classifications botaniques. Dans une fleur complète, le pistil est accompagné d'une couronne d'étamines qui l'encercle, productrice de grains de pollen. Chacun de ces grains est à même de féconder une oosphère ; encore faut-il qu'il soit véhiculé jusque-là par un insecte ou par le vent. Nombreuses sont les fleurs qui organisent des dispositifs morphologiques ou génétiques interdisant la fécondation directe entre les étamines et le pistil d'une même fleur ou d'une fleur du même individu. Comme le disait Darwin, la nature à horreur de l'autogamie.

Pour attirer les insectes pollinisateurs, voire les oiseaux, la fleur s'habille de somptueux pétales colorés et odorants. L'ensemble est enfermé, lorsqu'elle est en bouton, par des pièces vertes : les sépales. Ainsi, dans ce bouton, l'oosphère est-elle emmaillotée par les cellules de l'archégone et du prothalle, celles du nucelle, celles du tégument et celles de l'ovaire, puis par des pétales et par les sépales. Peut-on les considérer comme les sixième et septième tuniques ? Pas vraiment, puisque ces pièces doivent s'ouvrir à l'épanouissement de la fleur pour permettre au pollen de parvenir sur l'ovaire.

Sommes-nous donc, avec l'ovaire et la tunique n° 5, à la fin du processus additif ? Non, nous en sommes encore loin !

Les pièces de la fleur – pistil, étamines, pétales et sépales, formant les quatre verticilles floraux – sont fixées sur une extension du pédoncule : le réceptacle. La tendance que nous suivons depuis *Chlamydomonas* va se poursuivre par l'évolution de ce réceptacle. Chez les Angiospermes évoluées, celui-ci, en effet, a tendance à s'invaginer, à prendre la forme d'une coupe abritant le pistil dans une cavité creusée au centre de la fleur. Un ovaire installé au fond d'une coupe est un ovaire *infère* ; un ovaire installé sur un réceptacle bombé en forme de promontoire est un ovaire *super*. Nos jeunes ignorent évidemment que ce terme qui leur est cher appartient aussi au langage des botanistes !

L'affaire se corse lorsque l'ovaire infère adhère intimement à la paroi du réceptacle et devient congruent avec elle. Il est dit alors infère *et* adhérent. Les oosphères blotties au cœur de cet ovaire sont alors revêtues d'une sixième tunique que l'on perçoit parfaitement chez les roses ou les pommes. Chacun peut constater que lorsqu'une rose se fane, le « ventre » qui porte en haut et sur ses bords les pétales et les sépales gonfle. Il contient une collection de petits ovaires qui, après fécondation, se sont transformés en fruits ; ces fruits sont secs : ils apparaissent sous la forme de petits akènes rugueux et poilus, les « gratte-cul » que les enfants adoraient jadis, lorsqu'ils étaient encore au contact de la nature, se glisser mutuellement dans le dos, sous les vêtements… Le réceptacle lui-même est charnu, d'un beau rouge dans le cas des églantiers, nos roses sauvages. Il constitue le cynorhodon, riche en vitamine C, dont on fait des confitures. Ainsi les ovaires sont-ils, après fécondation, séquestrés dans le cynorhodon.

Le cas de la pomme est aussi éclairant en ce qu'il est aisé d'examiner son anatomie par une coupe transversale. L'ovaire infère est adhérent. Il est constitué de cinq carpelles dans lesquels se logent, après fécondation, cinq graines. La disposition des carpelles évoque un pentagramme, comme on le voit bien sur une section de la coupe. Les cinq graines sont installées dans leurs coques scarieuses, blanches, lisses, particulièrement rebelles sous la dent, raison pour laquelle on jette les trognons. Ces cinq petites coques sont noyées dans la pulpe charnue du fruit, produite par l'expansion des zones externes de l'ovaire. On distingue ensuite, en allant du centre de la pomme vers le bord, un cercle bien visible qui marque la frontière entre les cellules issues de l'ovaire et les cellules issues du réceptacle devenu charnu. Toute la chair extérieure à ce cercle est d'origine réceptaculaire. L'ovaire, infère et adhérent, comme nous avons dit, a donné, après fécondation, un fruit mixte par extension et développement des tissus du réceptacle formant la sixième tunique.

Si l'on traverse le règne végétal de part en part, une tendance évolutive se manifeste avec évidence ; on l'a dit : la protection toujours accrue de l'oosphère. Pour la décrypter, une vision d'ensemble est encore indispensable. Mais insistons sur le fait qu'on met rarement l'accent sur cette vision évolutive de la botanique. On peut y voir trois raisons.

La première tient à ce que la botanique est restée en marge des longs débats sur l'évolution, liés à l'analyse de ses processus. Peut-on expliquer par le seul darwinisme l'ensemble des phénomènes évolutifs ? Existe-t-il d'autres forces à l'œuvre dans ce vaste mouvement de la vie ? Les botanistes sont peu diserts sur ce point.

La deuxième raison tient aux botanistes eux-mêmes, dont beaucoup se spécialisent, par nécessité, sur certains groupes systématiques très étroits. L'arbre risque alors de leur cacher la forêt ! Comment parvenir à une vision d'ensemble lorsqu'on a la tête sur le guidon et l'œil concentré sur le détail ? Comment apprécier une tapisserie d'Aubusson ou un Lurçat si on a le nez dessus ? Impossible alors d'embrasser le dessin d'ensemble. Le dessin... ou le dessein ?

La troisième raison, déjà mentionnée, est qu'on ne voit bien que ce qu'on regarde, et qu'on ne trouve que ce qu'on recherche. Trop ponctuelle, trop spécialisée, la recherche perd toute vision perspective et prospective. Pour nous, celle d'un enfermement constant et gradué de l'oosphère au long d'un tractus évolutif de près de 500 millions d'années.

On considère le règne végétal, en particulier le monde des plantes à fleurs, comme un arbre bourgeonnant en tous sens, sans ligne directrice. Ce sont de telles lignes de force que les botanistes enviaient traditionnellement aux zoologistes. Ces derniers alignaient dans un beau fondu enchaîné les divers groupes de Vertébrés, des Poissons aux Mammifères en passant par les Amphibiens et les Reptiles. Ils y voyaient un mouvement évolutif progressif et orienté, ce dont on rediscute d'ailleurs abondamment de nos jours afin de laisser aux aléas de la contingence le plus grand espace possible.

Dans le cas de la rose et de la pomme, l'ovaire est enfermé dans une nouvelle tunique, mais celle-ci est ouverte au sommet ; les stigmates émergent au-dehors et reçoivent directement le pollen. Pourrait-on imaginer un ovaire entièrement enfermé dans une nouvelle tunique, stigmates inclus ? Existe-t-il des ovaires et des fruits entièrement engloutis dans une nouvelle enceinte, laquelle contraindrait les insectes à déposer le pollen non plus sur le pistil, mais à l'extrémité même de cette nouvelle enceinte, prolongeant d'autant le parcours du tube pollinique vers l'oosphère. Les Angiospermes, plantes à graines enfermées dans des ovaires, deviendraient alors des Angiocarpes, plantes à ovaires enfermés dans ce qui apparaîtrait alors comme un super-fruit. Nous frayons ici avec la botanic-fiction ! Déjà l'oosphère est bien protégée, et six remparts entourent le donjon où se cache la belle. Peut-on imaginer un nouveau rempart, une nouvelle tunique ? Des botanistes curieux ont tenté de discerner les prémices de ces plantes de demain. Ils ont vu le gland du chêne s'entourer d'une cupule, la châtaigne et le faîne du hêtre s'y enfermer complètement. Mais l'encerclement du fruit par ces cupules plus ou moins développées n'intervient qu'après la pollinisation. Le pollen est toujours déposé par le vent sur l'ovaire, lequel ne s'enferme qu'ensuite dans sa cupule. Il faudrait trouver une plante qui enfermerait d'emblée tout son pistil, ovaire et stigmates compris, dans une enceinte hermétiquement close. Où chercher les plantes ayant inventé un tel dispositif ?

La figue semble presque y parvenir. Son insecte pollinisateur, *Blastophaga*, a du mal à parvenir jusqu'aux fleurs minuscules blotties dans cette verte, puis violette carapace comestible qui forme la chair de la figue. Mais ce gros réceptacle charnu possède toujours un pore par lequel l'insecte peut véhiculer le pollen jusqu'aux ovaires, formant des pépins qui sont, en fait, de petits fruits secs, des akènes. La figue, donc, mais qui dit mieux ?

Explorons à nouveau le monde des plantes à fleurs. Laquelle décrochera à son honneur et à son profit le titre de fleur la plus évoluée, la plus prospective, la plus futuriste ? On ne la cherchera pas parmi ces modernes familles aux fleurs à l'architecture bien aboutie, à plan floral fixe, où l'évolution s'acharne et s'épuise à « peaufiner » le détail sans produire la moindre invention digne d'intérêt. L'évolution semble y tourner en rond sans aucune ligne directrice perceptible. Laissons donc les

Ombellifères (Apiacées), les Composées (Astéracées), les Orchidées (Orchidacées), les Crucifères (Brassicacées), les Graminées (Poacées)[1] qui, toutes, sont à leur manière des civilisations brillantes, mais aussi des civilisations finies. Leur excès de spécialisation les enferme définitivement dans leur plan d'organisation actuel, tant il est vrai qu'il est difficile de se reconvertir lorsqu'on s'est par trop spécialisé. Elles ne sont certes pas sans intérêt, comme nous le verrons, mais cet intérêt est ailleurs.

Explorons plutôt ces groupes primitifs à plans floraux mal fixés où l'évolution active et imaginative tâtonne et innove. Ainsi de ces groupes peu spécialisés, cumulant des caractères archaïques, auxquels appartiennent les *Amborellae*, les Magnolias, les Nénuphars ou les Renoncules, chez qui s'expriment les plus vastes potentialités évolutives. C'est dans l'un de ces groupes, les Monimiacées, qu'une plante sud-américaine, cousine du boldo, semble avoir réussi l'innovation géniale dont il est ici question.

Chez *Hennecartia*, les deux ovaires libres sont entièrement enfermés, y compris leurs stigmates, à l'intérieur d'une enveloppe hermétique. Le pollen tombe sur cette enveloppe, et son tube aura à franchir, avant d'atteindre le « donjon », un pont-levis

1. Nous conserverons volontairement les noms anciens de ces familles, plus évocateurs que leurs nouvelles dénominations, mises ici entre parenthèses.

supplémentaire. Or cette novation radicale apparaît dans un groupe au sein duquel plusieurs auteurs placent *Amborella*, la plus ancienne des Angiospermes, comme on l'a vu. Un groupe qui mérite attention et qui serait un laboratoire très performant pour l'invention des « tuniques », celles des Angiospermes et, à un stade plus récent, celles des Angiocarpes.

Une autre plante de la même famille des Monimiacées, originaire, elle, de Madagascar, *Tambourissa religiosa*, réussit la même performance, ainsi que l'attestent des observations récentes. Le pollen véhiculé par des insectes n'atteint pas les pistils des fleurs femelles, enfermées dans des urnes closes. Il est reçu, au sommet des urnes, par une glu mucilagineuse qui simule un stigmate et tapisse l'intérieur des urnes porteuses de fleurs femelles. Le tube pollinique, qui aura à effectuer un long trajet de l'« hyper stigmate » de l'urne au stigmate des fleurs, puis à l'oosphère, est en quelque sorte reçu et guidé par ce tapis sucré déroulé devant lui. À maturité, *Tambourissa* produit un « fruit » ou plutôt un super-fruit dont le nom reste à inventer ; ce fruit évoque la figue, mais une sorte de figue dans laquelle aucun insecte ne se serait jamais aventuré, fût-ce dans son jeune âge, à la saison des amours.

Avec *Tambourissa* surgit sous nos yeux l'un des premiers représentants de ce qui pourrait bien devenir une nouvelle civilisation végétale : des plantes angiocarpes dont nos descendants consommeront les super-fruits, eux-mêmes bourrés de fruits, chacun renfermant des graines…

Si cette nouvelle civilisation devait un jour se substituer à l'actuelle, elle naîtrait, on le voit, de groupes archaïques, et non pas de familles très évoluées. Là encore, la nature nous fournit un modèle transposable aux sociétés humaines. Les grandes civilisations ne naissent jamais les unes des autres par enchaînement direct et linéaire. Une civilisation nouvelle naît toujours sur les marges de celle qui l'a précédée, à partir de groupes humains mal assimilés, ayant conservé, soit par leur situation géographique, soit par leur culture, une certaine capacité créatrice. Rome est née d'un petit peuple du Latium aux confins occidentaux de la civilisation grecque ; le christianisme vient des marges orientales du monde romain. C'est chaque fois à partir de petites entités humaines, passant inaperçues des historiens de leur époque, que s'élaborèrent les grandes innovations du futur. De même, que sait-on aujourd'hui, à Paris ou à New York, des plantes cachées dans les forêts vierges d'Amérique du Sud, de Madagascar ou de Malaisie, ces vastes laboratoires cù s'élaborent déjà, sans même que nous nous en apercevions, les plantes de demain ? « L'origine se cache sous les commencements », a écrit Heidegger.

Du magnolia aux ovaires exposés sur un réceptacle proéminent et pointu au centre de la fleur à *Hennecartia* aux ovaires engloutis, la nature suit obstinément son « projet » : assurer la protection de la fragile cellule femelle avec une efficacité toujours accrue, renforcer ses défenses, multiplier les tuniques, accroître par là les chances de vie et de survie.

D'autres végétaux ont adopté, dans la même perspective, des stratégies différentes mais encore plus efficaces : c'est le cas, par exemple, des Colchiques qui assurent la protection de leurs ovaires en les enfonçant profondément dans le sol : la fleur à demi enterrée laisse émerger les trois longs styles terminés par les stigmates capteurs de pollen, mais engloutit les ovaires non plus dans son ventre, mais dans le ventre de la terre. Mode de protection efficace, mais accessible seulement à certains types de plantes comme celles à bulbe, dont les Colchiques et les Crocus font partie. Mais le projet reste toujours le même. Il est d'ailleurs commun à tous les êtres vivants. Car les fleurs partagent avec les animaux et les hommes l'ultime obsession de se protéger pour se reproduire et de se reproduire pour se perpétuer.

En matière de protection maternelle et infantile, les animaux ont développé les mêmes tendances évolutives. Chez une grande majorité des Poissons, mâles et femelles libèrent leurs gamètes dans l'eau, et la fécondation s'y opère au hasard. L'œuf qui en résulte est simple, pauvre en réserves nutritives, de sorte que l'embryon devra prendre très tôt son indépendance pour tenter de se nourrir dans le milieu extérieur. La reproduction a un coût élevé et les pertes sont énormes, car les jeunes alevins ont peu de chances d'atteindre l'âge adulte.

Les Amphibiens ont accédé à la vie terrestre, mais restent tributaires de l'eau pour se reproduire. Ils sont les homologues des Mousses, leurs gamètes étant nageurs. La reproduction s'effectue dans l'eau, le mâle répandant son sperme sur les ovules émis par la femelle à l'occasion d'un rapprochement physique sans coït. Comme chez les Poissons, les réserves de l'œuf sont limitées. On voit au printemps ces œufs former des grappes ou des filaments dans les mares. La larve, le têtard, comme les alevins, sont vulnérables. Que la mare se dessèche, que l'oxygène vienne à manquer, ou que des prédateurs surviennent, et les têtards n'ont que peu de chances de parvenir à l'âge adulte.

Les Reptiles manifestent un bond évolutif important : les gamètes femelles restent prudemment dans l'organisme qui leur donne naissance. La fécondation résulte d'une copulation, et la femelle pond des œufs. L'embryon est protégé par le liquide amniotique simulant le milieu aqueux originel et contenant des réserves en quantités suffisantes pour assurer son développement. La protection du gamète femelle, l'ovocyte, est assurée par ce liquide amniotique et par le corps de la mère. Il ne s'agit plus seulement de tunique ou de rempart, mais bien d'un enfouissement dans les profondeurs protectrices du ventre maternel. La sexualité gagnant en sécurité et en efficacité, le nombre d'œufs émis est moins important. Les œufs sont pondus dans le milieu extérieur terrestre et l'embryon se développe grâce à un apport d'énergie sous forme de chaleur. La femelle aménage un nid dans lequel les œufs sont enfouis, bénéficiant de la chaleur produite par les radiations solaires.

Par contre, chez les Oiseaux, descendants contemporains des reptiles du groupe des Dinosaures, de nouveaux comportements apparaissent. La chaleur est apportée pour l'incubation des œufs par le couvage, c'est-à-dire par le corps de la mère.

Chez les Mammifères, le corps de la mère enveloppe et réchauffe le fœtus jusqu'à la naissance. La ponte disparaît, sauf exception, et ce sont des jeunes animaux qui sont mis au monde après avoir parcouru un long cycle évolutif embryonnaire et fœtal dans le ventre de la mère, hyper-protégés des agressions externes.

Dans le monde animal, l'évolution des comportements est parallèle à l'évolution morphologique. Tandis que le jeune reptile sortant de l'œuf est condamné à se débrouiller seul, le petit de mammifère est généralement materné, la mère lui assurant nourriture et protection. Il bénéficiera, chez les espèces les plus évoluées, d'un apprentissage propre à chaque espèce. Ainsi, chez les grands singes, longue est la période de maternage, longue aussi celle d'acquisition de comportements opportuns. Finalement, le double jeu du maternage et de l'apprentissage atteindra son point culminant dans l'évolution du petit homme pour l'amener à l'âge adulte.

En matière de sexualité, une ligne de fond s'impose donc, qui vise à protéger sans cesse davantage le sexe à qui revient la mission d'engendrer la vie, la descendance. Des gamètes flottants et se rencontrant dans l'eau à la fécondation effectuée dans le corps de l'ovaire chez les plantes, ou dans celui de la mère chez les animaux, l'évolution obéit à une constante, et cette constante s'accommode du raisonnement darwinien selon lequel, par sélection naturelle, chez les plantes comme chez les animaux, ceux qui protègent le mieux leurs gamètes femelles sont privilégiés. Mais les autres ne sont pas éliminés pour autant, puisque chaque strate successivement apparue laisse des représentants toujours présents à notre époque.

C'est là une énigme de l'évolution : pourquoi les mieux équipés n'ont-ils pas éliminé les autres ?

Un vagabondage parmi les fossiles du primaire et du secondaire révèle que les mêmes pistes évolutives ont été suivies par des lignées parallèles. La même pression évolutive s'exerce dans toutes les lignées pour aboutir à l'ovule, puis à la graine. Les mêmes inventions apparaissent séparément, donc plusieurs fois, à l'occasion de tentatives réitérées dont toutes n'aboutissent pas, loin s'en faut.

Il y a une différence essentielle entre l'ovule qui se dessine chez les lycopsides et celui des Ptéridospermes (Fougères à graines). Chez les premiers, l'enveloppement du macrosporange-nucelle est réalisé par une seule feuille faisant fonction de tégument ; cette formule ne semble pas avoir eu d'avenir. Par contre, celle réalisée chez les Ptéridospermes est une réussite. L'ovule y est manifestement issu d'un macrosporange associé à un groupe de feuilles stériles. La nature composée du tégument ovulaire des Ptéridospermes est clairement indiquée par les ovules dont les pièces tégumentaires sont libres (*Genosperma*) ou seulement partiellement unies (*Eurystoma*), comme on le voit chez les fossiles. Chez les premiers apparaît autour du nucelle une collerette de huit pièces presque totalement libres qui, en se soudant comme dans le deuxième cas, forme déjà un vrai tégument. Toujours dans ce groupe des Fougères à graines, le mouvement se poursuit chez les grandes herbes à feuilles composées, aujourd'hui disparues, les caytoniales, où les ovules s'enferment dans une poche incomplètement fermée, sorte d'ovaire en devenir annonçant l'angiospermie.

Le mouvement évolutif est constant. Il se poursuit toujours dans la même direction, par approches successives, lesquelles finissent par aboutir aux Angiospermes au prix de lourdes pertes : les tentatives avortées et éliminées dont il ne nous reste que les fossiles. Mais c'est dans l'ancien monde végétal, celui des Fougères, que l'évolution finit par accoucher, étape après étape, de l'ovule, de la graine et de l'ovaire contemporains.

Les fossiles comblent partiellement notre ignorance concernant les fameux « chaînons manquants » qui intriguent tous les biologistes évolutionnistes. Ne faut-il pas y voir, comme le suggérait Pierre Teilhard de Chardin[1], des groupes intermédiaires en « expérimentation évolutive », où de nouvelles formes pas encore abouties se dessinent ? Il s'agit de phases d'intense évolution correspondant à des sauts évolutifs niés par Darwin, mais réhabilités par son turbulent disciple, Stephen Jay Gould[2]. Ce dernier parle d'« équilibres ponctués » faisant alterner

1. *La Vision du passé*, tome III des *Œuvres* de Pierre Teilhard de Chardin, Paris, Seuil, 1957.

2. *La Structure de la théorie de l'évolution*, Paris, Gallimard, 2006.

des sauts brusques et rapides, qui affectent peu d'individus en évolution intense, suivis de longues phases de stase où, semble-t-il, plus rien ne bouge, une structure stable et durable ayant été mise au point. Les sauts laissent peu de fossiles ; les stases, beaucoup.

Durant la Seconde Guerre mondiale, la pénurie d'essence généralisée avait engendré une génération d'automobiles et de camions fonctionnant au gaz de charbon, le gazogène. Ceux-ci disparurent sitôt la guerre finie, car ils étaient énergétiquement moins avantageux que les véhicules fonctionnant grâce aux dérivés du pétrole. Dans quelques milliers ou millions d'années, ceux de nos descendants qui exploreront les fossiles technologiques laissés par notre génération auront bien peu de chances de trouver des camions au gazogène, à moins, bien sûr, de tomber sur des « gisements » riches et diversifiés : le musée de l'Automobile de Mulhouse, par exemple, qui aurait été miraculeusement fossilisé. Produites en grandes séries, tractions avant ou DS Citroën, Peugeot 205, Renault 4 auront au contraire toutes chances d'être retrouvées dans l'aire géographique correspondant à l'Hexagone. On comprend mieux, à la lumière de cet exemple, l'évanescence des formes intermédiaires et des phases d'évolution rapide, que nous avons appelées les « sauts ». *Natura non facit saltus* : « la nature ne fait pas de sauts », pensait-on à l'époque de Darwin. Pas si sûr, et l'on se rangera, sur ce point, à l'analyse pertinente de Gould sur les « équilibres ponctués ».

Six tuniques autour de l'oosphère : tel est le stade actuel. Mais les plantes à fleurs nous révèlent-elles d'autres tendances évolutives, d'autres pistes ? Qu'ont-elles encore inventé ?

Continuons à débrouiller l'écheveau en apparence si emmêlé que constituent les 250 000 espèces de plantes à fleurs…

TROISIÈME PARTIE

Pistes évolutives propres aux plantes à fleurs

CHAPITRE 8

Évolutions cycliques chez les fleurs

La classification des plantes à fleurs est un véritable casse-tête pour les botanistes. Les zoologistes s'appuient sur les lignées évolutives au sein desquelles la ressemblance entre espèces est une conséquence de leur filiation. Tout comme les enfants ressemblent à leurs géniteurs, les espèces ressemblent à celles qui les ont directement précédées sur l'arbre évolutif. Mais, chez les plantes à fleurs, cet arbre semble bourgeonner généreusement et envoyer ses branches et ses rameaux en tous sens. Il faut une perspicacité certaine pour y déceler les lignes évolutives que parcourent les Angiospermes dès lors que toutes manifestent une caractéristique commune : l'adaptation à leurs pollinisateurs.

Quand elles sont pollinisées par le vent, ce qui est le cas d'environ 20 % des espèces d'Angiospermes, les fleurs ne s'encombrent plus de pétales colorés attractifs, puisque ceux-ci n'ont plus lieu d'être : plus d'insectes à séduire ! La fleur se simplifie. On la voit juchée sur des tiges flexibles, comme chez les Graminées, la famille des céréales. Lorsqu'un champ de seigle ondule au vent, le pollen circule d'épi en épi, même si ce phénomène est moins perceptible chez les céréales modernes mises à l'abri des tempêtes dévastatrices par le raccourcissement génétiquement programmé de leurs tiges. L'extrémité fertile des étamines est aussi portée par un filet mince et long, vibrant à la moindre brise. Les carpelles s'ornent de stigmates formant des touffes poilues, excellents ramasse-poussière pour recueillir le pollen dispersé…

Lorsque les fleurs sont pollinisées par les oiseaux, elles sont de grande taille et les pétales se parent de belles couleurs, comme on voit chez bon nombre d'espèces vivant sous les tropiques. En règle générale, les insectes pollinisent des fleurs plus petites mais toujours colorées, bien qu'ils ne perçoivent pas les couleurs comme nous les discernons nous-mêmes. Pour une abeille, un coquelicot n'est pas rouge : elle le voit dans un ultraviolet profond, cette étrange couleur qui n'en est pas une à nos yeux, mais qui pare de reflets violets les cols des chemises blanches dans la lumière noire des boîtes de nuit. Le mode de pollinisation est donc un facteur évolutif essentiel, directement lié à la nature de l'agent pollinisateur.

La sélection naturelle a joué à plein en favorisant chez les plantes l'acquisition de caractères floraux adaptés au pollinisateur. La plante, de ce point de vue, se doit d'être fonctionnelle, elle qui ignore le contact direct entre les sexes. Un intermédiaire lui est nécessaire, et tout ce qui convient à cet intermédiaire est bon pour elle. À partir de là, d'innombrables architectures florales sont apparues, différentes les unes des autres, mais qui toutes ont au moins ce point commun : l'adaptation à la pollinisation. Une angiosperme qui perdrait cette qualité essentielle serait condamnée.

Dès lors qu'elles sont adaptées à la pollinisation – et, de fait, toutes les plantes à fleurs le sont –, comment faire le partage entre ces multiples architectures, ces tailles si diverses, ces couleurs si variées, et tenter de les classer selon un ordre naturel fondé sur les ressemblances dont on sait qu'elles manifestent des communautés d'ascendance ?

Pour classer les plantes, c'est à la morphologie qu'ont fait appel les premiers naturalistes, et d'abord à celle des fleurs, plus stable que celle de l'appareil végétatif (racines, tiges et feuilles). Les architectures florales caractérisent les familles botaniques. Semblables, fixées, invariantes dans les familles très évoluées, elles sont plus variables dans les groupes les plus anciens où elles se cherchent encore comme par tâtonnement. Mais que cherchent-elles ? Une meilleure adaptation au pollinisateur ?

Toutes les fleurs répondant à ce critère, il est difficile de penser que la sélection naturelle travaille en permanence le monde des fleurs pour les rendre de mieux en mieux pollinisables. Les fossiles des premières fleurs, lesquelles sont toujours présentes parmi nos flores contemporaines, attestent qu'elles n'ont pas changé au cours des cent derniers millions d'années. Adaptées au départ, elles le sont encore. Quelles pistes suit donc l'évolution pour avoir diversifié à ce point les architectures florales ?

L'une de ces pistes est la tendance à la contraction.

Les Nénuphars sont les plantes à fleurs qui nous ont laissé les fossiles les plus anciens : ils datent de 125 millions d'années. Les Magnolias aussi sont très anciens. Dans les deux cas, les fleurs sont de grande taille, et isolées. En parcourant le vaste superordre des Magnoliidées, plantes appartenant à des familles différentes mais apparentées, qui ont en commun de nombreux caractères considérés comme archaïques, si l'on en juge par leurs fossiles, on observe une tendance à la réduction de la taille des fleurs et à leur regroupement. Ainsi en est-il, dans ce superordre, des petites fleurs de nos lauriers-sauce, non plus isolées mais regroupées en ensembles qualifiés d'« inflorescences ».

La réduction de la taille des fleurs est une piste féconde pour qui essaie de comprendre les mouvements évolutifs à l'œuvre chez les Angiospermes. Ces contractions peuvent aller très loin et adopter

Le long thalle flexueux et enrubanné des Laminaires est parfaitement adapté à la vie marine.

Ce lichen du genre *Parmelia* est, comme tous les lichens, le fruit d'une symbiose entre une algue et un champignon.

Amas de sporanges porteurs de spores sur la face inférieure d'une fougère *(Polypodium vulgare)*.

Épi fertiles de Sélaginelle, porteur de deux types de sporanges (micro et macrosporanges).

Ovule mûr d'un Ginkyo femelle : observer l'ovule avorté à la base de l'ovule fertile et, au deuxième plan, la feuille en éventail.

L'ovaire de cet *Ephedra* est encore ouvert à son extrémité et n'enferme pas complètement les graines.

« Cul de négresse », graines monstrueuses du Palmier des Seychelles.

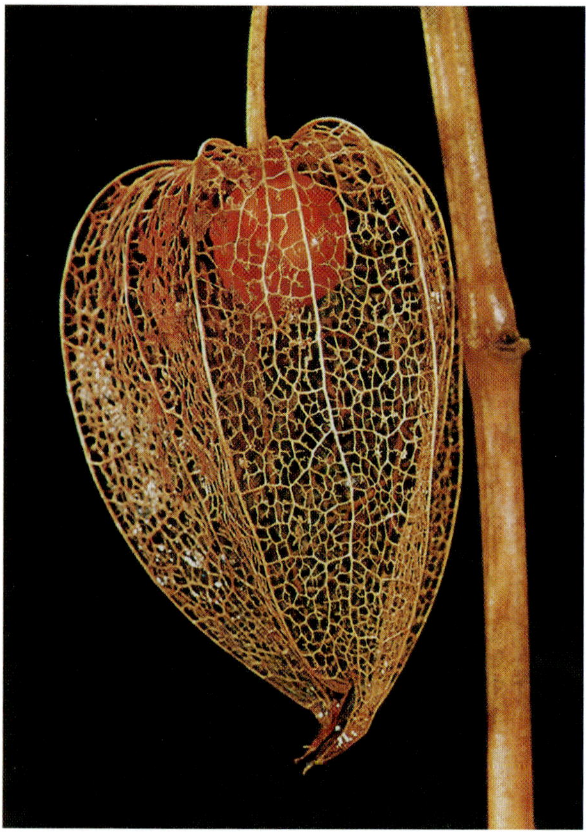

Le calice forme autour de la baie d'Alkékenge une sorte de grand lampion.

Coupe d'une fleur de Cerisier montrant l'unique carpelle au fond de la coupe réceptaculaire.

Coupe d'une fleur de Pommier dont les cinq carpelles adhèrent intimement au réceptacle

Les grandes pièces colorées de *Poinsettia (Euphorbia) pulcherima* simulent des pétales.

Les fleurs externes de l'ombelle de la grande Berce sont très asymétriques.

Sur le capitule de Marguerite, les fleurs blanches ligulées sont à l'extérieur ; les fleurs jaunes, tubuleuses au centre, disposées en spirales selon le nombre d'or.

Le capitule de *Prenanthes purpurea* ressemble étrangement à une fleur simple ; mais c'est un ensemble de 5 fleurs ligulées, dont on voit bien les étamines étroitement appliquées aux styles. Ces styles ont traversé les tubes formés par la soudure des anthères et sont recouverts de pollen.

Cyme de 3 cyatium chez *Euphorbia silvatica*. Deux petits cyathium sont situés à droite et à gauche de la fleur femelle «tricoque» du cyathium central. À la base de cette fleur femelle renversée, on observe 4 glandes jaunes en forme de croissant entourant les étamines à peine visibles.

Le labelle d'*Ophrys insectifera* est confondu par les *Gorytes* mâles avec un partenaire sexuel.

un chemin qui n'est pas sans évoquer la régression parasitaire.

Chacun connaît les lentilles d'eau. Elles forment des nappes vertes sur les étangs et les mares en été. Ces plantes minuscules sont réduites à de très petites feuilles ovales (de 2 à 6 mm) dont les racines flottent sous l'eau. Mais le record de la petitesse appartient à une espèce de la même famille, *Wolffia arrhiza*, qui déjà étonna Linné en son temps. Ses « mensurations » vont de 1 à 1,5 mm. Il n'y a plus de racines : simplement un petit tissu chlorophyllien d'où les vaisseaux ont disparu. Seules les fleurs aux organes sexuels minuscules indiquent que l'on est en présence d'une angiosperme, mais d'une sorte qui « oublie » sa sexualité, car les *Wolffiae* se reproduisent surtout par voie végétative. Ces mécanismes de régression par perte d'organes essentiels et retour à des formes primitives sont qualifiés d'« involution ». Ces phénomènes d'involution sont à l'œuvre sur plusieurs lignées d'Angiospermes.

Cette piste évolutive mettant en scène des processus de miniaturisation et de réduction est une tendance perceptible dans les deux règnes, végétal et animal ; c'est une tendance que contrarient des évolutions en sens inverse, vers le gigantisme : la loi de Dollo, qui s'applique à l'extinction des dinosaures, veut qu'une espèce soit d'autant plus fragile que sa taille augmente davantage. Dans le monde des Angiospermes, les tendances évolutives des fleurs illustrent cette thèse et favorisent en général la miniaturisation.

De tels processus s'accompagnent de phénomènes d'addition des éléments ainsi réduits et miniaturisés. Car la nature n'oublie pas le principe d'associativité ! Lorsqu'elles se regroupent entre elles, les petites fleurs forment des ensembles nouveaux qualifiés, on l'a vu, d'inflorescences. Plus les petites fleurs de l'inflorescence se rapprochent par réduction de leurs pédoncules, plus elles tendent vers une organisation collective, autre grand axe de l'évolution végétale. Les fleurs les plus externes de l'inflorescence augmentent la taille de leurs corolles ; les autres, celles du centre, tendent au contraire à la réduire. On assiste ainsi à une redistribution du travail entre les fleurs, chacune se spécialisant comme se spécialise chacun des organes d'une fleur simple. Les fleurs externes simulent une corolle et n'ont d'autre fonction que d'attirer les insectes pollinisateurs ; leurs organes de reproduction ont plus ou moins avorté, et elles sont souvent stériles. Les fleurs centrales de l'inflorescence négligent le développement de leur corolle au seul profit des étamines et des pistils fonctionnels : elles assument par priorité les fonctions de reproduction.

Le phénomène s'amorce dans diverses familles dont celle des Crucifères (Brassicacées), ainsi nommées parce que leurs pétales, au nombre de quatre, sont disposés en croix. Il apparaît chez une petite fleur semée en bordure dans les jardins : *Iberis amara*, très proche des corbeilles-d'argent. Sur les fleurs périphériques de l'inflorescence, les deux pétales tournés vers l'extérieur sont plus grands que les deux autres. Ce phénomène s'accuse chez les Ombellifères (Apiacées) où les fleurs du pourtour de l'ombelle, plus grandes que celles du centre, présentent la même dissymétrie : on l'observe chez les inflorescences de la grande berce, *Heracleum spondylium*. Même organisation chez *Viburnum opulus*, une Caprifoliacée sauvage, ancêtre de la boule-de-neige : les fleurs externes arborent de beaux pétales, celles du centre de l'inflorescence, des pétales avortés.

Cette évolution culmine chez les Composées (Astéracées), immense famille de quelque 20 000 espèces, la plus vaste des Angiospermes, et sans doute l'une des plus récentes. Dans cette famille, les fleurs sans pédoncules sont très petites et groupées en inflorescences denses et serrées : le « capitule ». L'observation d'un capitule de marguerite *Leucanthemum vulgare* est très instructive : les fleurs élémentaires sont fixées sur un réceptacle bombé, entouré par un système de petites feuilles protectrices vertes, les « bractées », qui le recouvrent avant son épanouissement, assumant le rôle normalement dévolu aux sépales chez les fleurs simples. Suivent des fleurs externes dites « ligulées » : leur corolle est une longue lame blanche déjetée vers l'extérieur et en tout point comparable à un pétale. Ce sont les « ligules » que l'on arrache lorsqu'on « effeuille » une marguerite. En se rapprochant du centre du capitule, on trouve des fleurs de petite taille, très serrées et très denses, dont l'ensemble forme un tapis jaune qui seul demeure après l'« effeuillement » des fleurs ligulées. Leurs corolles forment un tube long, mince et jaune, cachant cinq étamines soudées par leurs anthères et surmontant l'ovaire. Le stigmate traverse le tube formé par les anthères et se termine en une double crosse.

La ressemblance du capitule des Composées avec une fleur simple peut être frappante ; ainsi, chez *Prenanthes purpurea*, belle plante de nos montagnes, les fleurs ligulées ne sont plus qu'au nombre de cinq, et les fleurs en tube aussi. Les premières simulent les cinq pétales des fleurs simples ; les secondes, les cinq étamines. Confondre de telles inflorescences avec des fleurs ordinaires est aisé et les étudiants doivent prendre soin d'éviter ce piège.

L'erreur devient moins probable lorsque les capitules contiennent de nombreuses fleurs : capitules du pissenlit où toutes les fleurs sont ligulées ; capitules de l'immortelle où les bractées sont raides et colorées.

Comparée à celle d'une fleur classique, l'analyse de ce type d'organisation est riche d'enseignements. Elle permet de comprendre une des lois essentielles de l'évolution : la tendance à la division du travail qui s'accuse chez les êtres ou les sociétés les plus évolués.

Une fleur simple vit en autarcie. Elle assure seule des fonctions aussi diverses que la protection du bouton avant éclosion par les sépales, l'attraction des insectes par les pétales, l'émission du pollen par les étamines, la fécondation et la maturation des graines et des fruits par le pistil. Si elle réalise déjà une certaine division du travail, c'est en spécialisant ses propres organes. Mais chaque fleur réalise les mêmes tâches et il n'y a aucun arrangement entre elles.

En revanche, lorsque les fleurs deviennent nombreuses et s'organisent en denses inflorescences comme dans les capitules des Composées, elles se spécialisent à leur tour : fleurs périphériques attractives et stériles, fleurs centrales reproductrices. La division du travail est poussée plus loin : elle passe de l'échelon individuel à l'échelon collectif et, en même temps, du stade artisanal au stade industriel. Du coup, le rendement s'améliore. Un insecte, en vagabondant d'une fleur à l'autre, ne pollinise qu'une fleur à la fois ; mais en visitant un capitule de composée, il assure d'un seul coup la pollinisation d'un grand nombre de fleurs ; il y a alors économie d'énergie, réduction des déplacements, concentration de la production ; bref, l'insecte pratique la pollinisation à la chaîne, résultat de la « socialisation » des fleurs chez les Composées qui portent bien leur nom.

On imagine que le Parti socialiste, s'il avait été féru de botanique, aurait, plutôt que la rose, choisi pour emblème la marguerite, cette fleur sociale, ou, mieux, son cousin le beau gerbera rouge, si à la mode chez les fleuristes. Rouge et social : il ne manquerait à cette fleur que les épines. Mais le monde politique, lui, ne manque pas de piquants…

Ainsi, dans les formes les plus évoluées du règne végétal, comme l'inflorescence d'une marguerite, le principe de division du travail s'étend de la fleur à l'inflorescence. Il avait différencié, à l'origine, le gamète mâle du gamète femelle, puis les macrosporanges des microsporanges, plus tard encore l'étamine des carpelles. On voyait en même temps le cormus se différencier par rapport au thalle, la racine par rapport à la tige, la fleur par rapport à l'appareil assimilateur. Chez les Composées, il spécialise les fleurs entre elles.

Poussant plus avant encore la spécialisation, la division du travail ne règle plus seulement les rapports entre organes spécialisés d'un même individu, ou entre les fleurs d'un même capitule, mais aussi les rapports sociaux des individus entre eux au sein de ces sociétés diversifiées que sont les associations végétales (aussi bien que les sociétés humaines, comme nous l'avons vu).

L'évolution progresse en spirale : chaque étage de la spire représente un palier de complexité supérieur au palier précédent ; les lois qui régissent les individus, plantes ou hommes, régissent aussi les sociétés qu'ils forment entre eux. Le langage courant exprime d'ailleurs cette réalité qui compare la société à un corps, le « corps social », et parle de son « organisation », c'est-à-dire de sa différenciation en « organes » spécifiques.

Tandis que les fleurs des Composées se spécialisent entre elles comme le faisaient les organes des fleurs simples, les réceptacles des capitules refont à leur tour le chemin parcouru par les réceptacles des fleurs, du magnolia à la rose : très bombé dans *Echinacea*, plante immunostimulante de l'Amérique du Nord, ou dans la camomille, il est à peine convexe dans la marguerite, presque plat chez l'énorme tournesol, un peu concave dans l'artichaut, comme on le voit en observant le « fond » après élimination de toutes les autres pièces du capitule. Chez les *Xanthium*, il se creuse en coupe profonde ; au fond de cette urne réceptaculaire, les fleurs du capitule occupent une position infère, comme les ovaires infères des fleurs simples. Et voici qu'on retrouve au niveau du capitule l'antique tendance à toujours mieux protéger le gamète femelle. Au faîte de l'arbre de la vie, les Composées reprennent ainsi, au bénéfice du capitule, toute l'évolution de la fleur. Elles représentent, à un niveau de complexité supérieur, une nouvelle étape, un nouveau palier dans l'histoire de la vie végétale.

Jusqu'où se poursuivra cette marche obstinée ? Comme les fleurs s'organisent dans cette famille en capitules, les capitules vont-ils à leur tour s'organiser en capitules… de capitules ? Il semble bien que ce mouvement s'amorce déjà sous nos yeux.

Chez le millefeuille ou la solidage du Canada, herbes communes de nos régions, les capitules se rapprochent en denses corymbes. Dans cette inflorescence, les fleurs se disposent à peu près sur un même plan, comme chez les viornes ou les sureaux. Chez l'edelweiss, les capitules élémentaires se rapprochent plus encore et se serrent au point de former ensemble un nouveau capitule ; ce capitule secondaire s'entoure, comme un capitule primaire, de feuilles blanches et duveteuses homologues des bractées des capitules simples. La « fleur » d'edelweiss est donc un capitule de capitules de fleurs, une sorte de fleur au troisième degré ! Dans la marche de l'évolution, l'edelweiss boucle ainsi un nouveau cycle, ou plutôt un nouveau tour de spire. Il nous amène à deux niveaux au-dessus de la fleur simple, mais persiste dans le même type d'organisation. Notre attachement sentimental à l'edelweiss s'adresse donc à une des organisations les plus perfectionnées et les plus modernes du règne végétal ; cette prestigieuse fleur des montagnes est aussi la plus élevée, non seulement en altitude, mais aussi dans l'échelle de l'évolution.

Pour pousser à tel point le degré de socialisation, encore fallait-il réduire et simplifier dans le même temps les capitules élémentaires, sous peine d'aboutir à des ensembles monstrueux. Imaginons ce que serait un dense assemblage de capitules de tournesol ! C'est pourquoi plus les capitules se regroupent, plus ils réduisent le nombre de leurs fleurs. Les capitules élémentaires du millefeuille ou de l'eupatoire ne possèdent plus que quelques fleurs et ressemblent à s'y méprendre à des fleurs simples. Même phénomène chez les capitules de l'armoise qui deviennent minuscules, perdent leurs fleurs ligulées, donc toute forme d'attirance pour les insectes, et adoptent la pollinisation par le vent, dans ce cas manifestement régressive. Bel exemple d'involution !

Cette évolution par soustraction et contraction culmine chez certains *Echinops*, sortes de gros chardons à tête absolument sphérique. Les capitules en boule d'*Echinops sphaerocephalus* sont une association de capitules élémentaires, mais dont chacun ne possède plus qu'une seule fleur. Pourtant, il s'agit bien de capitules, car chaque fleur est entourée de bractées, comme l'est toujours le capitule. Cette belle plante de nos montagnes porte donc un capitule de capitules uniflores.

La mobilité des frontières entre l'inflorescence et la fleur apparaît bien dans cet exemple. Entre elles, pas de fossé infranchissable : on passe aisément de l'une à l'autre. Des avortements de pièces, des réductions d'axes peuvent se produire, car l'avortement est technique courante dans le monde végétal ! L'inflorescence se simplifie alors au point de ressembler à une fleur simple.

Cette vision dynamique détruit la conception ancienne de fleurs immuables, chacune selon son espèce. Elle permet d'interpréter l'architecture d'un grand nombre de fleurs, celles des Euphorbiacées par exemple. Comme les Composées, celles-ci forment une puissante lignée évolutive d'environ 8 000 espèces. La différenciation y est plus avancée, car l'origine de cette lignée est plus ancienne. Les premiers fossiles de Composées ne remontent qu'à l'Oligocène (-30 millions d'années), alors que les Euphorbiacées sont connues depuis le Crétacé supérieur (-80 millions d'années).

On trouve dans cette famille les types biologiques les plus divers : des arbres tropicaux comme les hévéas, des plantes cactiformes comme de nombreuses euphorbes africaines, d'étranges petits arbres miniatures comme les euphorbes canariennes, des mauvaises herbes redoutables et prolifiques comme la mercuriale des jardins, des herbes comme les euphorbes de l'Europe tempérée ou méditerranéenne, des plantes alimentaires comme le ricin ou le manioc… Toutes les fleurs d'Euphorbiacées sont unisexuées par avortement du deuxième sexe. Les fleurs mâles ne possèdent à l'origine qu'un bouquet d'étamines entouré d'un nombre variable de pièces vertes, le périanthe, comme chez les Crotons et les Ricins. Cette fleur initiale se simplifie d'un genre à l'autre par avortement des étamines et des pièces protectrices, jusqu'à se réduire à une seule étamine. Mais cette étamine est bien une fleur, car on voit sur son filet une cicatrice, trace du périanthe disparu. En même temps, par réduction des axes et des pédoncules, elle conflue avec d'autres fleurs mâles aussi simples et avec une fleur femelle, et forme du coup un nouvel ensemble fonctionnel. La fleur femelle est elle-même rudimentaire : c'est un ovaire tricoque (à trois loges) porté par un pédoncule. L'ensemble ainsi constitué, le « cyathium », reste entouré de cinq bractées vertes, conservées au cours de l'avortement des autres bractées dont chacune ou presque s'agrémente de glandes nectarifères souvent en forme de croissant… N'oublions jamais le pollinisateur : ce cyathum simule à s'y méprendre une fleur !

D'ailleurs, chez *Euphorbia hirta*, il n'y a plus que cinq étamines en tout. Mais c'est une inflorescence de fleurs mâles et femelles, chacune réduite à un organe sexuel nu. Ces inflorescences ou cyathium des Euphorbes peuvent s'entourer de pièces colorées afin que l'illusion de la fleur soit parfaite. Chez la petite euphorbe épineuse à port cactiforme, *Euphorbia splendens* – « épine du Christ » ou « couronne d'épines du Christ » –, deux pièces d'un rouge vif entourent le cyathium, ce qui fait une espèce très

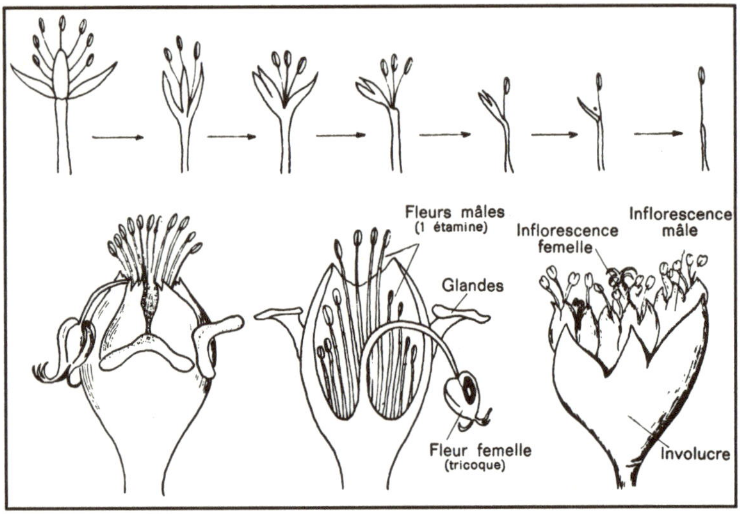

Inflorescences et fleurs des Euphorbiacées
(d'après Nozeran)

En haut : Simplification de la fleur mâle : la fleur de Ricin *(Ricinus communis)* est périanthée et possède un bouquet d'étamines ; mais la fleur d'Euphorbe *(Euphorbia)* n'est plus constituée que par une seule étamine.
En haut à gauche : « Cyathium » d'Euphorbe, de face et en coupe.
En bas à droite : « Précyathium » d'*Anthostema senegalensis* : l'ensemble, contenu dans une involucre, est formé de plusieurs inflorescences mâles et d'une inflorescence femelle.

ornementale. *Poinsettia* (ou *Euphorbia*) *pulcherina* fait encore mieux : les feuilles entourant les cyathium sont d'une belle couleur rouge vif ; ces « étoiles de Noël » font le charme des îles Canaries en hiver.

Ces deux espèces ornementales sont activement travaillées par l'évolution. Chez la première, on assiste à la transformation des feuilles en épines : la plante devient sous nos yeux une plante grasse. Chez la seconde, le passage des feuilles vertes aux feuilles rouges est progressif, avec des feuilles de couleur intermédiaire.

L'évolution se poursuivant, les cyathium amorcent, en d'autres genres comme *Anthostema*, un deuxième cycle : certains perdent leurs fleurs mâles, d'autres leurs fleurs femelles. Ainsi simplifiés, ils se regroupent et on tombe sur un cyathium de cyathium : l'homologue du capitule des capitules de l'edelweiss, l'incapitulescence[1]. Ici, il s'agit d'une incyathescence.

La famille des Ombellifères (Apiacées), avec ses 3 000 espèces, est moins pléthorique que celles des Composées (Astéracées) ou des Euphorbiacées. Mais elle présente les mêmes tendances évolutives. La famille se caractérise par ses fleurs disposées en ombelles : portées par des pédoncules, elles partent toutes d'un même point de la tige et simulent les

1. D'autres auteurs voient dans ces structures un état antérieur à un cyathium, un « précyathium ».

baleines d'une ombrelle, chacune se terminant par une fleur.

Chacun connaît le chardon bleu ou panicaut des Alpes, *Eryngium Alpinum*. Chez cette belle ornementale, les pédoncules des fleurs se réduisent, et l'ombelle tend à prendre la forme condensée du capitule où les fleurs voisinent, sans pédoncule. Cette ombelle très contractée s'entoure d'une collerette de feuilles piquantes plus ou moins colorées en bleu, le tout simulant une fleur simple. L'astrantie des Alpes, *Astrantia major*, autre ombellifère montagnarde, évolue dans le même sens : elle entoure ses ombelles très condensées d'une fausse corolle formée de nombreuses pièces colorées ; cette fausse fleur, très élégante, ne ressemble plus du tout aux Ombellifères classiques dont elle dérive. Mais *Eryngium* et l'astrantie restent des ombellifères, comme l'atteste l'architecture bien typée de leurs fleurs.

Chez les Ombellifères, les forces réductrices ne s'en prennent pas aux seuls pédoncules floraux pour contracter l'ombelle. À l'instar des mécanismes à l'œuvre chez les Euphorbiacées, celle-ci se simplifie pour aboutir au genre *Echinophora* du bassin méditerranéen : il ne reste plus qu'une fleur centrale femelle limitée à ses organes sexuels, entourés par un cercle de fleurs dont les pétales tournés vers l'extérieur sont beaucoup plus grands que ceux tournés vers le centre. Ils offrent de ce fait aux insectes une cible bien visible.

Ces fleurs périphériques sont exclusivement mâles, et l'ensemble ressemble à nouveau à une fleur simple, avec le sexe femelle au centre, le sexe mâle autour, et, à la périphérie, de grands pétales allongés orientés vers l'extérieur de cette architecture particulière.

Dans la famille du figuier (Moracées), on observe des évolutions du même type. Dans le genre *Bosquiea* comportant une dizaine d'espèces afro-malgaches, cette tendance aboutit à la reconstitution d'une architecture florale solitaire ressemblant singulièrement à une fleur simple, mais qui est le fruit de la concentration de nombreuses fleurs mâles autour d'une fleur femelle centrale.

À toutes ces pseudo-fleurs qui sont en fait des sociétés de fleurs les botanistes donnent le nom de « pseudoanthes ». On constate que cette tendance aux évolutions par réduction et recomposition de nouveaux ensembles pourrait être assez générale chez les plantes à fleurs.

On ignore dans quelle mesure de tels cycles se sont succédé au cours de l'évolution des fleurs d'Angiospermes, ni quels étaient les systèmes archaïques à partir desquels se sont formées les grandes fleurs primitives de type nénuphar ou magnolia. On se bornera à noter que l'évolution des fleurs d'Angiospermes est marquée de tels phénomènes cycliques. Ces évolutions s'opposent aux évolutions linéaires qui, à l'inverse, ne présentent aucune réversibilité. On n'a jamais constaté le moindre indice de disparition de l'une des enveloppes qui protègent les ovules et l'oosphère, sauf cas de régression parasitaire. Les processus d'enveloppement sont irréversibles ; les processus cycliques sont mobiles et non linéaires.

Que l'évolution soit linéaire ou cyclique, tous les agencements floraux se doivent d'être fonctionnels. Tous convergent vers un même but, tous sont bons et ont été retenus par la sélection naturelle dès lors qu'ils aboutissent à la construction d'un système garantissant la protection de l'oosphère et sa fécondation par les agents pollinisateurs.

Simplification, réduction et regroupement se sont ainsi poursuivis sans relâche à travers ces cycles successifs dont il est difficile de mesurer la valeur propre du point de vue de la sélection naturelle, dès lors que tous sont fonctionnels. Pourquoi ces étranges aller-retour pour atteindre un objectif pourtant on ne peut plus simple : fabriquer des fleurs ou des agencements floraux parfaitement adaptés aux agents pollinisateurs, donc assurant la perpétuation des individus et des espèces ?

Pourquoi ce double jeu des additions et des soustractions, les deux phénomènes s'équilibrant pour aboutir à des architectures de taille moyenne, non monstrueuses ? Double jeu, oui, mais plus clairement lié, cette fois, aux conditions écologiques, en l'occurrence climatiques, que l'on retrouve dans les passages de l'arbre à l'herbe, et inversement…

CHAPITRE 9

Évolutions cycliques de l'appareil végétatif

L'évolution cyclique de la fleur à l'inflorescence, puis à nouveau de l'inflorescence à la fleur pseudoanthe, a son parallèle dans l'évolution de l'appareil végétatif de l'herbe à l'arbre, puis de l'arbre à l'herbe. Mais, tandis que dans le monde des fleurs et des inflorescences on avait peine à comprendre comment les conditions écologiques extérieures avaient exercé une pression sélective qui serait à l'origine de ces cycles, pour le passage de l'herbe à l'arbre, et inversement, il est manifeste que les conditions climatiques ont dû jouer un rôle déterminant.

Résumons le parcours de l'herbe à l'arbre. Les *Cooksonia* sont indiscutablement les premiers fossiles de plantes terrestres vascularisées. Grâce à leurs vaisseaux, l'eau contenue dans le sol des terres exondées peut monter dans la tige et irriguer silurtière, ce dont les algues se passent parfaitement dès lors qu'elles vivent en milieu aquatique, là où l'eau n'est pas un facteur limitant. *Cooksonia* était une minuscule plante sans feuille, à tige dressée, évoquant les joncs dont tout la distingue cependant, puisque ces derniers sont des Angiospermes. Elle formait une végétation rase au bord des rivières à l'époque silurienne, il y a 430 millions d'années, époque à laquelle commence la conquête des terres émergées par les plantes.

L'invention des premiers vaisseaux ligneux a rendu possible la colonisation des continents, d'abord dans les zones de lagunes littorales. On peut imaginer les premiers vaisseaux résultant de la pression sélective due à l'assèchement caractéristique de cette époque silurienne plutôt froide, accompagnée d'une régression marine condamnant les algues à périr ou à s'adapter à une vie terrestre. La couche d'ozone, déjà constituée, autorisait la vie hors de l'eau en réduisant l'impact du rayonnement ultraviolet solaire.

Par sa taille modeste, *Cooksonia* était une herbe, comme l'étaient aussi ses cousines dont on connaît de nombreux spécimens fossiles, toutes des herbacées. *Cooksonia* disparut il y a 400 millions d'années, tandis qu'apparaissaient des plantes plus grandes et plus robustes qui inauguraient la lignée des Lycophytes. Entre-temps, le climat s'était réchauffé. Ces nouvelles venues étaient encore des herbes, mais elles atteignaient désormais quelques décimètres. Ces plantes vivaient sous l'équateur, lequel traversait à la fin du Silurien des régions qui sont le Canada et la Chine du Sud actuels. Les continents, on le sait, n'ont cessé de dériver sous l'effet de la tectonique des plaques. Comme de tout temps la zone de l'équateur fut plus chaude et plus humide que le reste de la planète, les conditions de vie y étaient donc plus favorables qu'ailleurs. Quelque 20 millions d'années plus tard, les Psylophytons atteignaient déjà un mètre de hauteur. Après 15 millions d'années encore apparut le premier arbre : *Pseudosporochnus*. De nombreuses espèces d'arbres naquirent ensuite dans les vastes forêts marécageuses du Carbonifère, il y a 345 millions d'années. Leurs fossiles abondants constituèrent les houilles.

Au début du Permien, il y a 280 millions d'années, la quasi-totalité des terres émergées forme un continent unique : la Pangée. Puis le climat se réchauffe et s'assèche fortement, et les forêts équatoriales régressent. Puis le climat s'humidifie à nouveau ; les forêts se réinstallent à partir de sites relictuels : d'abord les forêts de conifères du Jurassique, avec leurs Dinosaures, puis les vastes forêts de feuillus, toujours présentes sous nos climats équatoriaux. Depuis 150 millions d'années, les plantes y forment de denses forêts où l'évolution se poursuit en dehors de fortes contraintes climatiques, même si elles sont quelque peu affectées par les épisodes glaciaires qui touchent périodiquement les plus hautes latitudes. Ces conditions sont favorables aux arbres dont l'immense majorité des espèces ne vivent que sous ce climat. Sous les basses latitudes, l'absence de saisons ne les accule pas à subir des pressions sélectives trop sévères.

Au contraire, dans les zones tempérées et surtout froides, le sort des arbres devient précaire. L'apparition d'une saison froide contraint l'arbre à s'adapter. Deux stratégies sont développées en ce sens :

Pour les feuillus, c'est la perte des feuilles qui tombent toutes ensemble en automne, à l'orée de la saison froide. L'arbre supprime ainsi ceux de ses organes qui transpirent, les feuilles, parant aux difficultés qui seraient les siennes s'il était contraint d'alimenter en eau son feuillage alors que le sol hivernal est recouvert d'un manteau de neige. Gelé et sec sous la neige, le sol ne s'humectera qu'à la fonte des neiges, et jamais dans les zones de permafrost où il reste gelé toute l'année. Pour cette raison, aucun arbre ne pousse dans la toundra.

L'autre adaptation est la sclérophyllie, caractéristique des végétations méditerranéennes à feuillage raide adapté aux longs étés secs et chauds. Les feuilles se revêtent d'épaisses couches de cuticule pour limiter au maximum la transpiration, et persistent été comme hiver. Cette transpiration, elles la limitent davantage encore en réduisant leur surface, pour aboutir aux aiguilles des Conifères, lesquelles sont également permanentes. Dans les régions tempérées froides, les Conifères limitent davantage encore leur transpiration en adoptant un mode de vie ralenti et en réduisant au maximum en hiver leur transpiration comme le ferait une graine. Certains finissent par perdre leurs aiguilles en automne, comme le mélèze ; en Sibérie, il est l'arbre qui s'aventure le plus haut en latitude.

La plupart des arbres n'ont pas réussi à s'adapter à ces conditions et sont restés circonscrits aux zones équatoriales. C'est le cas de plus de 90 % des espèces arborescentes. L'évolution a donc sélectionné, parmi les arbres des zones équatoriales, les espèces relativement rares parvenant à s'installer dans les climats tempérés et froids. Un mécanisme tout à fait similaire s'est produit, lors de la conquête des terres émergées, parmi les nombreuses lignées évolutives des algues : seules les algues vertes, et encore, parmi elles quelques lignées seulement, sont parvenues à conquérir les terres émergées. La forêt équatoriale est donc le vivier où l'évolution a créé de nouvelles architectures végétales pendant plus de 100 millions d'années, sans ruptures climatiques majeures. Plus au nord et plus au sud, les climats ont été davantage chahutés, de sorte que maintes formes équatoriales n'ont pu s'y adapter. Quelques espèces d'arbres y ont néanmoins réussi, et beaucoup sont devenus des herbes. La biodiversité n'en est pas moins de plus en plus faible à mesure qu'on s'éloigne de l'équateur.

À comparer les diverses familles d'Angiospermes, celles qui ne contiennent que des arbres sont spécifiques des forêts équatoriales (Méliacées, Sapindacées, Combrétacées, Diptérocarpacées, Ébénacées, Sapotacées). À l'inverse, les familles principalement composées d'herbes (Caryophyllacées, Renonculacées, Crucifères, Ombellifères, Labiées, Composées) sont nettement mieux représentées sous les climats tempérés et froids, ainsi que sous les climats à étés secs et chauds de type méditerranéen.

À la différence de l'arbre, l'herbe, lorsqu'elle est vivace, parvient à se protéger du froid par ses bulbes ou ses rhizomes enterrés. Pour les annuelles, elles disparaissent chaque automne, ayant produit leurs graines pendant la courte saison chaude ; ces graines germeront au printemps, selon un cycle annuel. Chez certaines, l'adaptation est si parfaite que leurs graines exigent de subir une période froide pour germer ; cette stratégie est utilisée par les horticulteurs qui « vernalisent » leurs graines pour hâter leur germination. On conçoit qu'en région tempérée ce sont les familles riches en herbacées ou exclusivement herbacées qui se sont le mieux adaptées.

L'herbe présente sur l'arbre l'avantage d'accélérer le rythme des générations. Beaucoup d'arbres ne produisent en effet leurs premières fleurs qu'au bout de quelques décennies. Les annuelles, pour leur part, les produisent au bout de quelques semaines. En raccourcissant les délais entre les générations, le passage de l'arbre à l'herbe précipite le mouvement de l'évolution : en effet, plus les générations sont nombreuses en un laps de temps donné, plus nombreux sont les individus sur lesquels la sélection naturelle peut jouer, et plus rapidement seront retenus les individus bien adaptés grâce à quelques mutations favorables aux nouvelles conditions de vie. À l'inverse, les espèces lentes à se reproduire seront naturellement défavorisées, car elles présenteront moins d'individus au tri de la sélection durant un laps de temps donné, et il y aura donc moins de rescapés.

En fait, une herbe est un arbre qui a acquis dès sa prime jeunesse la capacité de fleurir et fructifier, et qui, du coup, n'a plus besoin de développer la lourde structure de l'état arborescent. L'herbe possède les potentialités adaptatives de la jeunesse. Elle est un arbre… en herbe ! Autant d'avantages pour s'adapter aux conditions écologiques.

Quant aux fleurs, elles restent indifférentes à ces stratégies et conservent l'architecture caractéristique des familles auxquelles elles appartiennent. Contraction des arbres pour devenir des herbes, des fleurs géantes pour devenir des fleurs minuscules : telle est l'une des grandes lignes évolutives parcourues dans leur longue histoire par les plantes à fleurs. Leur secret : la miniaturisation.

Le passage du port arborescent au port herbacé s'illustre dans la famille desbalbou Graminées (Poacées) chez laquelle les grands bambous, pouvant atteindre 30 m de haut, poussent sous des climats chauds. Intermédiaire entre l'arbre et l'herbe, le bambou l'est aussi entre les forêts tropicales humides et les régions tempérées. Les bambous géants sont relativement rares dans les forêts humides et se développent plutôt en lisière, là où le climat a tendance à devenir saisonnier, et la forêt moins dense. Puis, au fur et à mesure que l'on remonte vers les climats plus froids, les grands bambous disparaissent ; mais les gynériums ornementaux, originaires du bassin de l'Amazone, s'acclimatent sans trop de peine dans nos jardins où certains peuvent atteindre 18 m de haut. Dans le bassin méditerranéen, un gros roseau, la canne de Provence, est partout présent ; il peut atteindre 7 m et a une épaisseur qui autorise son emploi dans la confection des cannes à pêche. Viennent ensuite, en région tempérée, les classiques roseaux, avec leur taille de 2 à 3 m, puis, enfin, les nombreuses herbes des prairies tempérées ou des pelouses alpines, qui, à la limite, ne dépassent plus 10 cm de haut.

On parcourt ainsi, dans la famille des Graminées à laquelle toutes ces plantes appartiennent, une sorte de fondu enchaîné entre les formes tropicales les plus hautes, mais aussi les plus archaïques, comme le montre la constitution particulière de la fleur de bambou, et les formes plus petites et plus récentes, adaptées aux climats plus sévères. C'est l'exemple d'une de ces nombreuses tentatives par lesquelles une forme et une structure mises au point en forêt équatoriale réussissent, par adaptation évolutive et réduction de taille, à conquérir les climats les plus arides et les plus froids.

Chez le genre *Peonia* – les Pivoines –, on observe tous les passages des espèces arbustives aux espèces herbacées, selon une autre sorte de fondu enchaîné où la réduction de l'appareil ligneux se confirme étape après étape. Les Pivoines archaïques se modernisent par miniaturisation.

Au sein d'une espèce comme celle des Ricins, la même évolution involutive est perceptible. Sous les tropiques, le ricin est un arbre, mais, dans les vasques qui ornent nos espaces verts, les pieds de ricin se comportent comme des annuelles et meurent en automne.

Même observation pour les Cotonniers, arborescents en zones chaudes, annuels sous nos climats.

On peut donc résumer le mouvement général de l'évolution végétale à une nette tendance à la concentration de l'appareil aérien, qui se réduit de l'équateur vers les pôles, et, parallèlement, descend de plus en plus bas vers le sol, voire rentre dans le sol, au fur et à mesure que se réduit également sa durée moyenne de vie. Ce mouvement est parallèle à la tendance des formes végétales à sortir des forêts tropicales où elles ont pris naissance, et qui restent leur réservoir fondamental, pour s'adapter aux milieux de vie les plus divers. Rudolf Steiner résume le processus en disant que les plantes sont aspirées vers le haut sous l'équateur, et plaquées au sol vers les pôles…

Le passage de l'arbre à l'herbe est une illustration du phénomène de « néoténie », capacité que manifestent des formes encore à l'état de jeunesse d'acquérir la propriété de se reproduire. Nous y reviendrons, car la néoténie concerne aussi les animaux.

Faut-il en conclure que les arbres sont moins évolués que les herbes, lesquelles seraient « surévoluées » par involution ? Il est plus exact de dire que les arbres sont mieux adaptés aux climats chauds et humides, et les herbes aux climats frais et secs.

Mais le mouvement continue, et dans le monde des Angiospermes des herbes peuvent redevenir des arbres : la tendance se dessine déjà dans la grande famille des Renonculacées, typiques des régions tempérées, où la clématite fait une échappée en adoptant le petit tronc ligneux des lianes. Ces Renonculacées appartiennent au vaste groupe des Magnoliidées, souche de base à partir de laquelle se sont différenciées les Monocotylédones.

Les Monocotylédones se singularisent par leur embryon doté d'une première feuille isolée : le

« cotylédon ». À la germination, cette feuille pointe hors du sol comme une petite lame verticale, de type poireau. En revanche, les radis poussent hors de terre deux feuilles primordiales, deux cotylédons : ce sont des Dicotylédones. Les Monocotylédones sont en majorité des herbacées : 2 500 espèces arbustives ou arborescentes sur un ensemble de 55 000 espèces. De grands groupes de Monocotylédones ne comportent que des herbes très évoluées et très récentes, tel celui des Orchidées.

Les Palmiers, toutefois, autres Monocotylédones, sont des arbres, mais des arbres différents des autres par la structure de leur tronc, appelé « stipe ». Ce tronc est traversé de bas en haut par des faisceaux de vaisseaux conducteurs, comme le sont les herbes. Ni les palmiers ni les herbes ne forment dans leur tige un cambium, assise génératrice circulaire d'où se différencient vers le centre du bois et vers l'extérieur du liber – une architecture commune à l'immense majorité des arbres. Ces faisceaux de vaisseaux apparaissent bien sur les plages tropicales au pied des cocotiers. Quand le sable a été soufflé par le vent ou entraîné vers l'océan, la base du cocotier se dégage. Elle ne ressemble nullement à un tronc, mais présente un aspect fasciculé. Les faisceaux de vaisseaux serrés les uns contre les autres amarrent l'arbre au sol. Un palmier est donc un arbre à structure d'herbe. Les bananiers le sont davantage encore, car dans leurs tiges vertes de 3 à 4 m de hauteur les faisceaux de vaisseaux sont rares et la tige conserve une allure herbacée : belle ambiguïté chez ces végétaux dont la taille évoque des arbres et dont la structure en fait des herbes…

Les palmiers peuvent être restés ou devenir des herbes, comme le petit palmier *Chamaerops humilis*, encore présent au Maghreb alors qu'il a disparu à l'état sauvage des côtes méditerranéennes françaises. Il y a un siècle, il vivait encore spontanément dans les zones les plus chaudes de la Côte d'Azur. *Chamaerops* est-il un palmier nain en herbe ou un palmier redevenu herbe ? Là est toute la question. L'évolution nous est lisible par ses résultats, mais son devenir historique nous échappe souvent, faute de fossiles. Dans quel sens évolue *Chamaerops* ? Est-ce qu'il grandit ou est-ce qu'il rapetisse par involution ? À parcourir les séries évolutives, il est souvent difficile de savoir, preuves à l'appui, comment les choses se sont passées. Dans cet ouvrage, les interprétations proposées correspondent à des hypothèses plausibles, mais ne peuvent toutes être considérées comme autant de certitudes. En matière évolutive, la prudence est toujours de mise.

Dans ce chapitre, l'intervention des facteurs écologiques, en l'occurrence climatiques, est en tout cas incontestable, ce qui n'était nullement le cas au chapitre précédent. Nous avons toujours affaire aux évolutions et aux involutions, mais avec, de surcroît, des facteurs qui les expliquent.

Réexaminons, à la lumière du paradigme dominant, le rôle de la sélection naturelle appliquée aux processus évolutifs mis au jour jusqu'ici. On conçoit que les variations climatiques aient pu exercer une pression sélective conduisant les plantes à produire des arbres lorsque cette pression est faible, des herbes lorsqu'elle est forte. On comprend moins, en revanche, pourquoi les herbes, dans le monde des Monocotylédones, redeviennent des arbres, comme c'est le cas des Palmiers. Encore que ce mouvement évolutif ne fasse pas l'unanimité chez les naturalistes, et que je le considère moi-même non sans une certaine perplexité…

On conçoit aussi que la sélection naturelle puisse être judicieusement invoquée pour rendre compte de la protection toujours accrue de l'oosphère. Pourtant, à ce propos, bien des interrogations demeurent sans réponse, car la protection de l'oosphère, on l'a vu, était assurée dès les premières plantes vasculaires. Chez *Cooksonia*, elle était enfouie dans les tissus du prothalle. Le jeu des « tuniques » et des remparts s'additionnant pour aboutir aux Angiocarpes revêt donc un certain aspect de gratuité. Mais, dira-t-on, le prothalle de *Cooksonia* est petit, fragile, nu sur le sol, et donc moins protecteur que ne l'est l'ovaire infère de la rose. Et qu'en est-il des minuscules ovaires dont l'exposition à la prédation animale reste un facteur de risques important, tels les petits ovaires du bouton-d'or imprudemment exposés sur le réceptacle bombé et donc offert comme un appât aux prédateurs ? Et si le prédateur est un gros herbivore, c'est la plante entière qui sera dévorée. Encore que, subtilement, les renoncules élaborent des molécules dissuasives vis-à-vis des herbivores qui ont coutume de les éviter.

On pourrait poursuivre à l'infini ce jeu rhétorique des et si…, et si… Retenons-en que les nombreuses tuniques superposées ne découragent pas toujours les prédateurs. Enfin, pour les évolutions florales cycliques, il est difficile d'imaginer qu'une pression sélective quelconque les produirait, puisque à chaque étape l'adaptation à la fécondation entomophile reste parfaitement satisfaisante, qu'il s'agisse de la fleur, de l'inflorescence ou de l'inflorescence d'inflorescence.

La sélection naturelle toujours et partout ? Peut-être, mais ce n'est pas si simple… Ainsi, qu'en est-il de l'hybridation dans la genèse des espèces ?

CHAPITRE 10

Hybridation dans le monde des plantes

Les animaux d'espèces différentes ne copulent pas entre eux : il existe bien ce qu'on appelle une « barrière des espèces ». Chaque espèce est sexuellement enfermée dans ses propres limites, et ses individus n'éprouvent aucun attrait pour les individus de sexe opposé d'espèces différentes, seraient-elles voisines. Si hybridation il y a, elle s'effectue entre les différentes races d'une même espèce, comme on le voit chez les chiens, morphologiquement si différents selon leurs races mais tous de la même espèce, et tous interféconds. L'humanité n'échappe pas à cette loi. Hormis quelques perversions toujours possibles chez un animal humain à l'imaginaire débridé, l'appétence sexuelle se circonscrit entre humains et ne se porte pas sur d'autres espèces animales, fût-ce celle de nos cousins les singes. Quelques exceptions animales confirment la règle : l'hybridation est possible, mais les hybrides qui en résultent seront stériles. Ainsi des hybrides entre truites et saumons, ânes et juments, lions et tigresses, dromadaires et lamas, obtenus par des fécondations faisant appel à des artifices, et souvent en captivité. De tels hybrides inféconds n'auraient aucune chance de se perpétuer dans le milieu naturel.

Les plantes s'hybrident mieux que les animaux. Selon la définition de l'espèce, font partie d'une même espèce des individus plus semblables entre eux qu'ils ne le sont d'individus d'autres espèces – le cas des chiens morphologiquement si différents est une exception à cette règle – et susceptibles de s'interféconder pour donner des descendants indéfiniment féconds. Faute de temps et de moyens pour vérifier les interfécondités, les espèces ont été définies depuis des siècles sur la base de leurs seules ressemblances. La vérification de l'interfécondité avec des individus supposés appartenir à une autre espèce n'a jamais été un critère retenu par les naturalistes, en raison de la lourdeur des expérimentations qu'il faudrait mener pour la déterminer. Il est donc concevable que des individus appartenant à des espèces affines soient susceptibles de s'interféconder. Horticulteurs et agronomes pratiquent de telles hybridations, ils peuvent même unir des espèces appartenant à des genres différents. Ainsi du cyprès et de *Chamaecyparis*, dont l'hybride est *Cupressocyparis*, ou, chez les Orchidées, de *Laelia* hybridé à *Cattleya* pour aboutir au magnifique *Laeliocattleya*.

Il est fréquent que des hybrides fassent preuve d'une vitalité supérieure à celle de leurs parents. C'est le cas du platane, si vigoureux au bord des routes et des places où il défie les injures de la pollution urbaine, de la tronçonneuse quand elle les taille à l'ancienne, mais aussi d'une maladie fatale à ses deux parents : l'anthracnose.

L'histoire du platane s'enracine dans celle des Angiospermes. Il y a 130 millions d'années, lorsque les premiers Angiospermes se différenciaient, les ancêtres de nos platanes occupaient une aire très vaste englobant l'Amérique du Nord, l'Europe, le Proche- et le Moyen-Orient. Lorsque, à cette époque, l'Atlantique commença à se former et éloigna l'un de l'autre le continent américain et le continent eurasiatique, l'aire du platane se partagea en deux, et, de part et d'autre du jeune océan, les échanges de gamètes devinrent impossibles en raison des distances croissantes séparant leurs géniteurs. L'évolution se poursuivit donc de part et d'autre du fossé atlantique ; deux espèces de platanes s'y différencièrent : *Platanus occidentalis* en Amérique et *Platanus orientalis* en Europe. Mais les glaciations en Europe chassèrent les arbres du continent et éliminèrent *Platanus orientalis* de l'Ouest européen. En revanche, cette espèce subsista au Proche- et au

Moyen-Orient, moins touchés par les glaciations, d'où les Romains l'auraient apporté dès le Ier siècle de notre ère en Europe occidentale. Après la découverte de l'Amérique, *Platanus occidentalis* fut naturalisé de ce côté-ci de l'Atlantique. Il y rencontra *Platanus orientalis* et les deux espèces encore sexuellement interfécondes s'hybridèrent en Angleterre, probablement au Jardin botanique d'Oxford. L'hybride *Platanus acerifolia* se propagea en Europe et connut, à partir du règne de Napoléon Ier, une expansion considérable. Ce qui ne l'empêcha pas d'être victime d'un champignon importé accidentellement d'Amérique, *Ceratocystis*, ce qui lui valut d'être éradiqué de l'avenue du Prado, à Marseille, et remplacé par des micocouliers.

À la différence des animaux, les hybrides végétaux, lorsqu'ils sont inféconds, ont la possibilité de se reproduire par voie asexuée lorsqu'ils sont vivaces (bulbes, rhizomes, stolons, etc). Lorsqu'ils sont sexuellement stériles, ils ont par ailleurs la capacité de recouvrer leur sexualité par un type de mutation très particulier : ils doublent le nombre de leurs chromosomes, processus qui aboutit à la naissance de nouvelles espèces dites polyploïdes.

La spartine de Townsend, *Spartina Townsendi*, est une graminée qui vit sur les littoraux marécageux et salés de l'Atlantique. La naissance de cette espèce a pu être reconstituée avec précision – elle est l'une des seules espèces sauvages que les scientifiques aient vu naître sous leurs yeux. Sur les côtes de la Manche existaient deux spartines : *Spartina maritima* et *Spartina alterniflora*, des herbes à port typiquement graminoïde, à feuilles allongées et à fleurs formant un épi, dépourvues de pétales et donc pollinisées par le vent, comme toutes les graminées. En 1879, une troisième espèce apparut dans les marais salins des environs de Southampton, en Grande-Bretagne ; elle fut baptisée *Spartina townsendi*. En 1930, elle fit son apparition au Mont-Saint-Michel et s'étendit rapidement dans les vases salées qu'elle fixa par les enchevêtrements de son rhizome, préparant le terrain à d'autres espèces qui se développèrent ensuite et donnèrent des prairies d'où elle disparut. Il s'agit donc d'une espèce pionnière et utile.

La nouvelle espèce a des caractères intermédiaires entre ceux de ses deux parents, mais elle est plus vigoureuse et plus grande, ce qui confirme son statut d'hybride. Le mécanisme ayant conduit à la naissance de cette nouvelle espèce a été parfaitement élucidé. Les cellules végétatives de *Spartina townsendi* possèdent chacune dans leur noyau $2n = 126$ chromosomes, soit la somme de ceux des deux espèces parentes (*Spartina maritima* à $2n = 56$ et *Spartina alterniflora* à $2n = 70$). Entre les deux spartines mères, un hybride s'est formé par conjugaison de leurs gamètes respectifs, possédant, comme tous les gamètes dès lors qu'ils sont formés par méiose, deux fois moins de chromosomes que les cellules végétatives de la plante, soit $n = 28$ chromosomes pour *Spartina maritima* et $n = 35$ chromosomes pour *Spartina alterniflora*. L'hybride ainsi formé par fécondation entre ces deux gamètes possédait donc $2n = 63$ chromosomes. Mais, au moment de fabriquer ses gamètes, cet hybride rate sa méiose, car il est incapable d'apparier ses chromosomes par paires avant que chaque paire ainsi formée ne sépare ses deux éléments, l'un allant vers le gamète mâle, l'autre vers le gamète femelle.

Tel est le mécanisme de la méiose. Mais, dans notre exemple, le patrimoine chromosomique ne permet pas un appariement. Que faire des 7 chromosomes célibataires, dès lors que 28 viennent d'une espèce et 35 de l'autre, ce qui ne peut conduire au mieux qu'à 28 paires ? L'hybride est donc stérile et ne se reproduit que par son rhizome. Jusqu'à ce que, dans un de ses bourgeons, une mutation se produise au sein d'une cellule normale dont la division aboutit à un tissu muté. Cette mutation produit un doublement du nombre des chromosomes qui passent alors à $2n = 126$. Si la cellule mutée peut, par divisions successives, produire un tissu porteur d'organes sexuels, des gamètes à $n = 64$ chromosomes se forment, les appariements ne laissant aucun chromosome célibataire durant la méiose. Les gamètes fusionnent, donnent un œuf, et une nouvelle plante à $2n = 126$ chromosomes est née, désormais féconde de génération en génération par alternance normale des mitoses et des méioses. Cette nouvelle espèce, c'est *Spartina townsendi*.

Dès sa naissance, l'espèce nouvelle est sexuellement isolée de ses deux parents : comment une plante dont les gamètes comportent $n = 63$ chromosomes pourrait-elle en effet s'apparier à des plantes dont les gamètes possèdent $n = 28$ chromosomes pour l'une, et $n = 35$ pour l'autre, pour donner un hybride qui soit fertile ?

Morphologiquement plus grande et plus vigoureuse, *Spartina townsendi* est donc coupée de ses deux espèces parentes, et pendant des milliers ou des millions d'années elle évoluera pour son propre compte, subissant des mutations qui, pourvu qu'elles soient favorables et sélectionnées, engendreront à leur tour d'autres espèces.

Ce genre de mécanisme a dû souvent intervenir au long des temps géologiques, créant de nouvelles espèces végétales. Il explique le fait que dans un même genre on puisse fréquemment trouver des espèces contenant des chromosomes dont le nombre de base est multiplié par deux, par quatre, voire plus.

On a affaire ici à un processus typiquement darwinien, par lequel la sélection naturelle favorise un hybride vigoureux résultant d'une mutation survenue chez un hybride stérile formé entre deux parents moins compétitifs. Le schème darwinien s'applique donc parfaitement à ce cas, d'autant plus que la nouvelle espèce, plus compétitive, éliminera peut-être ses deux parents.

Les mutations conduisant à la polyploïdie correspondent à un mécanisme souvent mis en œuvre par les horticulteurs pour obtenir des fleurs de belle taille. Le passage au stade polyploïde va dans le sens opposé à la miniaturisation, mais il touche la plante entière, fleurs et appareil végétatif compris. C'est là une stratégie efficace pour obtenir de jolies fleurs. Il en est d'autres, comme on va le voir.

CHAPITRE 11

Modulation sur le thème de la forme et des gènes

Mai 1963 : avec mon regretté collègue Jean-Claude Hayon, nous herborisons dans la forêt de Haye qui jouxte, à l'ouest, l'agglomération nancéenne. Notre attention se porte sur une population d'individus appartenant à l'espèce *Paris quadrifolia*, petite herbe commune dans nos bois et déjà décrite par Linné. Cette plante de 20 à 40 cm de hauteur aime les endroits frais et humides en milieu forestier. Son architecture est caractéristique et permet de l'identifier au premier coup d'œil : les feuilles sans pétiole sont disposées en un seul verticille de quatre feuilles sur la tige. Celle-ci se termine par une fleur unique et dressée de type 4 : les sépales, au nombre de quatre, sont verdâtres, plus larges que les quatre pétales, étroits et vaguement jaunâtres. Les étamines, très allongées, sont au nombre de quatre, tout comme les carpelles qui forment au centre le pistil. Après fécondation, celui-ci se transforme en une baie noire bleuâtre. Telle est l'architecture on ne peut plus simple de *Paris quadrifolia*.

Autour de ce type la nature a modulé, entraînant au sein de cette espèce une variabilité extrême dont nous ne connaissons, semble-t-il, peu d'équivalents dans l'ensemble du monde végétal, s'agissant d'une espèce donnée. La variabilité au sein de *Paris quadrifolia* évoque comme une fractale celle des architectures florales au sein du monde des plantes à fleurs.

Voici d'abord des *Paris* construits non plus sur le type 4, mais sur les types 3, 5, 6, voire 7. Mais la variabilité va encore plus loin et l'on observe chez certains individus un dérèglement complet de l'architecture florale. Des étamines disparaissent et sont remplacées par des pétales. Si elles disparaissent toutes les quatre, la fleur devient unisexuée et ne possède plus que le pistil en son centre. En d'autres cas, cette régression des étamines n'atteint pas son terme et ce sont des étamines atrophiées, moitié étamines moitié pétales, qui persistent dans la fleur. À la limite, l'étamine peut prendre l'allure d'un pétale, en maintenant néanmoins une seule anthère complètement atrophiée à son extrémité. Tout se passe comme si nous assistions à un fondu enchaîné allant de l'étamine au pétale en passant par toute une série de formes intermédiaires.

Cette variabilité chez *Paris* nous avait étonnés et nous publiâmes nos observations[1]. Nous pensions avoir découvert un phénomène étrange, mais il apparut ensuite que la variabilité de *Paris* allait encore plus loin, comme l'attestent des observations citées dans l'une des bibles de la flore hexagonale, la *Flore complète de France, de Suisse et de Belgique* de Gaston Bonnier. L'auteur y décrit un grand nombre de variants : « Exemplaire à trois feuilles soudées ; fleur stérile portant au centre une petite feuille ; pied à deux fleurs soudées en long ; exemplaire à sept feuilles dont la fleur était faite de sept sépales, huit pétales, quatorze étamines et deux pistils soudés, l'un de quatre et l'autre de trois carpelles ; deux étamines soudées ; pistil présentant un verticille de carpelles supplémentaire[2]. » Comment s'y retrouver dans ce fatras, et à quoi correspond-il ? Voyons les choses de plus près.

Chez les *Paris* que nous avons observés, aucun carpelle ne se transforme en étamines, en pétales ou en sépales. S'ils viennent à disparaître, les carpelles sont remplacés par une feuille. Quand les étamines

1. J.M. Pelt, J.C. Hayon et P. Lectard, « Observation de quelques anomalies chez *Paris quadrifolia* », *Bulletin de l'Académie lorraine des sciences*, t. VI, n° 1, 1966.

2. G. Bonnier, *Flore complète de France, de Suisse et de Belgique*, Neufchâtel-Paris-Bruxelles, Librairie générale de l'enseignement, 1934.

disparaissent, des pétales petits et minces les remplacent, qui ressemblent à des feuilles minuscules. Les pétales persistent toujours, comme d'ailleurs les sépales, en nombre variable selon le type de la fleur (3, 4, 5, 6 ou 7). Bref, c'est à une sorte de foliation généralisée des organes floraux que nous assistons. Tout se passe comme si toutes les pièces de la fleur étaient à l'origine des feuilles, lesquelles, au cours de l'évolution, se seraient reconverties en sépales, pétales, étamines ou pistils. Ne parle-t-on pas d'ailleurs, pour le pistil, de feuilles carpellaires, synonymes de carpelles ?

On rejoint ici l'une des intuitions majeures de Goethe, formulée dans son célèbre ouvrage *La Métamorphose des plantes*[1]. Goethe est passé à la postérité pour son œuvre littéraire, alors que ses contributions scientifiques ont été passées sous silence. Comme tous les vrais génies – Léonard de Vinci en fut un autre –, il s'essaya en de nombreux domaines avant que le morcellement des disciplines ne contraigne chacun à défendre les couleurs de la sienne, la littérature pour les uns, la botanique pour d'autres. Jamais la littérature et la botanique pour la même personne ! C'est pourtant le défi que Goethe releva avec un plein succès. Comme, à son époque, le Français Geoffroy Saint-Hilaire faisait de la vertèbre l'organe archétypal

1. *La Métamorphose des plantes et autres écrits botaniques*, Triade, 1992.

des Vertébrés, Goethe soutint la thèse selon laquelle la feuille est l'organe archétypal de la fleur. Et c'est bien cette tendance évolutive allant de la feuille aux organes de la fleur que révèle l'extrême variabilité chez l'espèce *Paris quadrifolia*.

L'intuition de Goethe, qui pressentit l'existence de formes archétypales d'où découlaient ensuite d'autres formes plus diversifiées, a trouvé une spectaculaire confirmation dans les travaux de D. Weigel et E. M. Meyerowitz[1]. En inhibant l'activité de trois gènes sur la plante la plus étudiée en biologie moléculaire, la petite crucifère *Arabidopsis thaliana*, ces auteurs obtinrent une fleur qui ne comportait plus aucun organe sexuel, mais seulement des feuilles. Ces pseudo-fleurs transformées en assemblages de feuilles de petite taille justifient l'approche goethéenne du monde des fleurs : la petite fleur d'*Arabidopsis* est devenue une sorte de petit chou miniature, avec ses minuscules feuilles imbriquées, en l'absence de tout organe sexuel.

L'expérience de Weigel et Meyerowitz a mis en lumière le rôle des gènes dans l'élaboration des structures. Mais quels gènes ?

Dès le début du siècle dernier, les biologistes avaient décelé l'existence de variations monstrueuses

1. « The ABCs of floral homeothic genes », *Cell*, n° 78, 1994.

au sein du monde animal. On connaissait des drosophiles, autres vedettes de la biologie moléculaire, dotées de quatre ailes, ce qui est pour le moins étrange pour des mouches qui, comme chacun sait, sont des diptères. Plus étranges encore, ces autres drosophiles mutantes dont les antennes sont remplacées par des pattes : des pattes sur la tête ! Le prix Nobel récompensa les recherches de Walter Gehring et Edward Levis pour la découverte des gènes homéotiques, encore appelés « gènes architectes », en charge de la régulation de l'expression d'autres gènes. Furent ainsi mis au jour le gène *Antennapedia*, responsable de l'apparition d'une patte de mouche à la place des antennes, et le gène *Bithorax*, capable d'engendrer une paire d'ailes surnuméraire. Comme le constate Jean Chaline, « c'est une percée majeure dans la compréhension de nombreux phénomènes évolutifs énigmatiques, qui étaient restés inexpliqués dans la théorie de l'évolution limitant les changements morphologiques à l'accumulation de milliers de mutations triées par la sélection naturelle[1]. »

Connaître la nature de ces gènes régulateurs résout l'énigme de la formation des organes complexes, qui avait hanté Darwin, lequel craignait la critique de ceux de ses collègues qui insistaient sur l'impossibilité d'expliquer la formation d'un organe complexe

1. Jean Chaline, *Quoi de neuf depuis Darwin ?*, Paris, Ellipses, 2006.

comme l'œil par une longue série de micromutations. Toujours selon Walter Gehring, un seul gène contrôle le fonctionnement d'environ 2 500 gènes qui contribuent à la formation de l'œil. En insérant ce gène en différents endroits du génome de la mouche, il fit apparaître des yeux supplémentaires sur les pattes, les ailes et les antennes. Plus extraordinaire encore, un gène prélevé dans le génome d'une souris et transporté dans le génome d'une mouche entraîne la formation... d'un œil de mouche, donc à facettes, et non plus d'un œil de souris ! On conçoit que la transposition ou la mutation de tels gènes puisse engendrer d'importantes novations prenant naissance dès le début du développement de l'embryon. On peut comprendre que Charles Darwin, qui ne connaissait pas les gènes, ait été bien loin de penser qu'on trouverait une explication à la formation d'un organe aussi complexe que l'œil. Quant à Pierre-Paul Grasset, éminent zoologiste français qui disait être prêt à se faire darwinien si on lui expliquait la formation de l'œil, sans doute aurait-il été impressionné par la découverte de tels gènes !

Grâce à la découverte des gènes homéotiques, il est désormais possible d'interpréter des phénomènes jusque-là inexpliqués, comme la variabilité des pièces florales que *Paris* met en scène dans le désordre. Mais pourquoi dans le désordre, si les transformations d'une pièce florale à l'autre se font généralement dans l'ordre ? Ainsi de la transformation des étamines en pétales, qui permet de comprendre le passage des roses sauvages à cinq pétales et à étamines nombreuses aux roses de jardin à nombreux pétales, mais pauvres en étamines. Nos belles roses multipétalées dérivent de ces formes anciennes à cinq pétales dont elles sont des mutantes par régression des étamines au profit des pétales.

On a déjà signalé que les Nénuphars comptent parmi les plantes à fleurs les plus anciennes, puisque leurs fossiles remontent à - 125 millions d'années, à l'extrême origine de l'invention des fleurs. Or la fleur de nénuphar illustre le processus inverse : le passage du pétale à l'étamine. Au fur et à mesure qu'on progresse en parcourant des spires successives de l'extérieur vers l'intérieur de la fleur, les jolis pétales colorés réduisent leur largeur et deviennent filiformes, tandis qu'apparaissent à leur extrémité des anthères qui deviennent finalement de vraies étamines. Pas de solution de continuité entre le pétale et l'étamine, chez cette fleur ! Et, toujours conformément à la théorie des cycles, ce qui est vrai de la fleur l'est aussi de l'inflorescence. Chez des composées comme les dahlias ou les chrysanthèmes, les petites fleurs en tube du centre se transforment en fleurs ligulées qui simulent des pétales et donnent à ces ensembles l'allure en boules que nous leur connaissons.

Attardons-nous un instant encore sur le nénuphar dont les fleurs sont si faciles à observer. Les pièces florales sont insérées en décrivant des spires sur le réceptacle, tout comme sont insérées les petites fleurs en tube sur les capitules de la marguerite ou sur les gros capitules du tournesol. Même chose pour l'artichaut chez lequel les minuscules fleurs en tube forment la « paille » couvrant le « fond » comestible. La paille une fois enlevée, observons ce fond à la loupe : les cicatrices qui marquent l'insertion de chaque fleur sont disposées très harmonieusement, selon une disposition en spirale qui trouve son expression mathématique dans la série de Fibonacci, célèbre mathématicien italien du XIIIe siècle, lequel proposa une suite de nombres dont chacun est égal à la somme des deux nombres précédents[1]. Le rapport entre ces nombres est constant et correspond au célèbre nombre d'or[2], facteur d'harmonie dans les architectures qui s'en réclament, comme le Parthénon et tant d'autres construites sur ce modèle.

Les spires des pièces florales sur un réceptacle, ou des fleurs sur un réceptacle de capitules, les cicatrices des feuilles mortes sur le stipe d'un palmier, ou, dans le monde animal, la coquille du nautile, sont disposés conformément à cette loi mathématique. Voilà une loi de la nature qui semble ne rien devoir au hasard, pas plus que la forme des cristaux de neige qui, dans leur immense diversité, sont tous construits sur un modèle à six branches.

---

1. 2+1 = 3 ; 3+2 = 5 ; 5+3 = 8 ; 8+5 = 13 ; 13+8 = 21, etc.
2. Soit environ 1 618.

On passe ainsi de l'impression de désordre, que nous offre nos *Paris*, à l'idée qu'un ordre sous-jacent préside peut-être au déploiement de l'évolution. C'est bien ce qui se dessinait avec le passage par associativité du gamète femelle à l'angiocarpe dont il sera de nouveau débattu plus loin. Quant aux structures spiralées, architecturées sur le nombre d'or, si fréquentes dans la nature, il est bien difficile d'attribuer leur genèse à la seule sélection naturelle qui, à l'évidence, n'a rien à voir ici.

Les fantaisies évolutives auxquelles se livrent les *Paris* prennent à contrepied l'idée d'ordre. Chez elles, le désordre est sans doute lié à une dérégulation survenue pour d'obscures raisons dans le fonctionnement des gènes de régulation propres à cette espèce. Dérégulation de gènes de régulation !... De fait, il existe bel et bien des gènes de régulation chez les plantes ; ils ne sont pas l'apanage des drosophiles ! Nous l'avons constaté chez *Arabidopsis*, sévèrement dérégulée par l'inhibition des trois gènes qui président à la formation de ses fleurs.

On connaît de mieux en mieux les gènes régulateurs homéotiques, activement présents à tous les stades du développement des plantes. La mutation du gène *Agamous* est responsable du remplacement des étamines par des pétales chez *Arabidopsis* comme chez les roses... et comme chez nos *Paris* mutantes. Celles des gènes *Pictilata* et *Apetala* remplacent les sépales par des pétales et les carpelles par des étamines chez *Arabidopsis*. Le contrôle génétique du développent floral par des gènes homéotiques est ainsi de mieux en mieux connu.

Mais laissons à nos jeunes chercheurs en biologie moléculaire le soin d'expliquer les fantaisies de *Paris* et contentons-nous, plus modestement, d'y jeter un regard de botaniste afin qu'ils puissent, après nous, mieux résoudre l'énigme.

On retiendra que des mutations survenant sur ces gènes de régulation entraînent d'étonnantes monstruosités. Ne parlait-on pas jadis, à propos de l'évolution, de « monstres prometteurs », c'est-à-dire susceptibles d'expliquer la macroévolution, celle qui aboutit à l'apparition de nouvelles structures majeures ? Rien ne nous permet d'affirmer péremptoirement qu'une telle interprétation puisse expliquer les fantaisies évolutives de *Paris*. Peut-être joue-t-elle sous nos yeux, à un rythme accéléré, le scénario du passage d'un type non fixé à un type fixé, le type tétramère de la *Paris* « normale » ? Chez les fleurs anciennes comme celles du magnolia ou du nénuphar, le nombre de pièces n'est jamais fixe quand elles sont disposées en spirale. Chez les fleurs modernes, le type se fixe par un nombre bien défini de pièces disposées sur le réceptacle non plus en spires, mais en verticille. *Paris* est verticillée, donc moderne.

Cette piste ne nous fournit certes pas un début de véritable explication, mais elle attire néanmoins l'attention sur une question touchant au type 4 de *Paris* : pourquoi 4, quand il s'agit d'une monocotylédone dont les fleurs sont généralement construites sur le type 3 ? *Paris* serait-elle ontologiquement fantaisiste ?

Pour aller plus loin dans la compréhension de cette étonnante variabilité de *Paris*, encore faudrait-il savoir si des fleurs identiquement modifiées sont portées par un même individu, en l'occurrence un même rhizome souterrain, ou par des individus différents, donc des rhizomes distincts. En d'autres termes, le même clone rhizomateux porte-t-il des fleurs différentes, ou exclusivement des fleurs du même type ? Comment savoir, s'agissant d'une plante rhizomateuse fonctionnant selon le mode sympodique ? Chaque année, à l'aisselle de la tige dressée, un bourgeon se forme dans le sol sur le rhizome. En automne, la tige aérienne se flétrit et meurt. Au printemps, le bourgeon éclôt et progresse dans le sol, donnant une nouvelle tige feuillée et fleurie à l'aisselle de laquelle se formera un nouveau bourgeon, et ainsi de suite d'année en année. Mais pendant combien d'années ? Au fur et à mesure que ce rhizome progresse par bourgeons successifs, ses parties anciennes se décomposent et disparaissent. Il est donc impossible de savoir si la même anomalie de la fleur est la caractéristique d'un rhizome particulier. Il faudrait, pour savoir, suivre la progression des rhizomes et observer chaque année la tige feuillée et fleurie qui émerge de chacun d'eux. Mais comment suivre un rhizome qui se détruit par un bout et progresse par l'autre ? Pendant combien d'années se perpétue-t-il de la sorte ? La longévité des rhizomes reste une énigme, car il faudrait, pour élucider ce point, conduire des observations pendant de très longs temps sur la même espèce vivace et sur le même rhizome. Celui-ci porte-t-il chaque année des fleurs identiquement modifiées, ou les fleurs sont-elles différemment modifiées d'une année sur l'autre sur le même rhizome ? Impossible de répondre. Dans le premier cas, le déterminisme génétique serait absolu. Dans le second, des facteurs environnementaux – des parasites, par exemple – interviendraient.

Nous en sommes réduits à émettre des hypothèses. Toutes nos *Paris* modifiées vivaient sur un espace exigu, proches les unes des autres, ce qui nous ferait pencher pour une interprétation environnementale. Un virus, un champignon microscopique ou un parasite inconnu serait-il à l'origine de ce désordre, qui aurait bousculé la belle ordonnance des gènes architectes ? C'est l'hypothèse la plus probable, quand on connaît l'alchimie subtile entre les gènes et les microhabitants du sol, ce que nous allons découvrir plus loin.

La propriété des êtres vivants à manifester des variations fut à l'origine des réflexions de Charles Darwin sur l'évolution. Il avait observé une forme de gentiane sauvage, *Gentiana amarella*, dans laquelle les organes floraux étaient remplacés par une agrégation compacte d'écailles pourpres en grand nombre – toujours l'origine foliaire des pièces florales... À son époque, de telles variations, ultérieurement qualifiées de mutations, intriguaient fortement les botanistes. Le Nancéen Émile Gallé, célèbre artiste de l'Art nouveau et botaniste à peine postérieur à Charles Darwin, nous laissa la description de nombreuses formes anormales chez la digitale, une gentiane, *Gentiana campestris*, et différentes orchidées dont l'orchidée bouc, *Loroglossum hircinum.* Chez cette dernière, il constata même que l'évolution semblait tendre vers deux types bien distincts, qu'il considéra comme deux espèces en formation.

La variation est donc bien, conformément à la thèse darwinienne, le moteur premier de l'évolution. Goethe avait pertinemment compris la place de l'anomalie dans la vie lorsqu'il écrivit : « Tout ce qui est anormal ne doit pas être considéré pour cela comme pathologique. Le normal et l'anormal vivent dans la même vie. Il en résulte des formations et des transformations alternatives, une oscillation entre le normal et l'anormal qui est telle que la règle sera prise pour l'exception et vice versa. » Comment mieux dire que la vie est dialectique, oscillante, vibratoire..., tout comme la matière, elle aussi vibratoire selon la physique quantique.

CHAPITRE 12

Les plantes seraient-elles lamarckiennes ?

Noël 1968 : vacances aux Canaries, sur l'île de Ténérife. Dès l'arrivée et durant le transfert de l'aéroport à l'hôtel, ma curiosité est piquée par l'étrangeté de la végétation. Je croyais découvrir au sud de l'île un paysage subdésertique ; en fait, c'est une sorte de steppe, constituée de bizarres petits arbres. Les vacances tournent illico à l'exploration naturaliste.

Ces arbres nains sont formés d'un tronc porteur de branches, comme n'importe quel arbre, sauf qu'aucun ne dépasse un mètre de haut. C'est l'hiver et ces étranges créatures sont feuillées, car c'est en été, durant la saison sèche, qu'elles se défeuillent.

Les individus constituant cette formation végétale ont tous la même allure : un tronc et des branches. Ils n'adoptent pas le port buissonnant auquel on s'attendrait sous le climat sec du sud de l'île. À y regarder de plus près, deux espèces sont particulièrement mimétiques : l'une est une euphorbe, *Euphorbia bronssonetii*, l'autre une composée, *Kleinia neriifolia*. Toutes deux sont endémiques de ces îles. Impossible de les distinguer l'une de l'autre si l'on ne prend pas soin d'examiner leurs fleurs, qui trahissent leur appartenance à deux familles distinctes : les Euphorbiacées et les Composées. Ces deux familles ressortissent à des lignées évolutives différentes et non apparentées, quoique présentant l'une et l'autre les étonnantes évolutions cycliques signalées plus haut. Question : quelle force évolutive a bien pu engendrer un tel mimétisme ?

Je fais aussitôt un parallèle avec les étranges faux de Verzy, auxquels j'ai rendu visite quelques années plus tôt dans la montagne de Reims. Ces faux[1] arborent une forme fort dissemblable de la morphologie des hêtres ordinaires. Leurs branches et leurs rameaux en tire-bouchon leur ont valu le nom de « tortillards ». Ce caractère est transmissible à la descendance et donc génétique. Quelques tortillards existent, transplantés ou semés en Lorraine, toujours sous la même forme. Mais ce qui m'avait frappé, à l'époque, c'étaient les quelques

1. « Faux » est étymologiquement issu de *fagus*, « hêtre », qui donna aussi « fayard », le nom de mon éditeur.

chênes et châtaigniers vivant à proximité de ces tortillards, devenus eux-mêmes tortillards et affectant le même port tarabiscoté. Quoique la génétique fût alors encore dans les limbes, on pouvait imaginer que les individus de ces trois espèces d'arbres possédaient des gènes identiques. Je m'étonnais toutefois qu'une même mutation ait pu toucher trois espèces différentes sur une ère extrêmement réduite : mutation aux effets décidément bien étranges ! Je m'en tenais cependant à cette explication et l'étendis aux arbres nains canariens, étant d'autant plus frappé que, dans ces milieux fort restreints, d'autres plantes adoptaient leur port : le magnifique *Argyranthemum*, sorte de tout petit arbre porteur de blanches marguerites, très ornemental, ou encore *Plocoma pendula* qui conserve ses feuilles vertes même lorsqu'il ne pleut pas pendant plusieurs années consécutives.

Quelques années plus tard, le grand botaniste F.W. Went[1] publia ses observations concernant les « évolutions convergentes ». Il avait observé en Nouvelle-Zélande des plantes dont l'appareil végétatif était aussi embrouillé que celui des hêtres tortillards. Très nombreux, les rameaux sont minces, imbriqués les uns dans les autres, et se ramifient à angle droit. On a dit de ces plantes qu'elles sont « divariquées ». Mais, en observant la floraison de ces bizarres végétaux, force était de convenir

1. « Parallel evolution », *Taxon*, 1971, n° 20, p. 2-3.

qu'ils appartenaient à des familles très différentes. Cinquante-quatre espèces furent ainsi repérées, réparties en dix-sept familles. Elles ne sont identifiables que lorsqu'elles portent des fleurs ; à défaut, elles paraissent toutes semblables. Ces plantes poussant dans des habitats très différents, impossible d'attribuer cette morphologie originale à une quelconque pression sélective du milieu. Went proposa alors une autre explication : des gènes auraient circulé entre ces espèces par transfert horizontal, et non sexuel, sans doute au niveau des racines, et contrôleraient ce port végétatif mimétique entre espèces très éloignées dans la classification botanique, car possédant des fleurs typiques de familles différentes.

Plus tard, d'autres observations sont venues renforcer cette hypothèse. D. Barthélemy les évoque dans son diplôme de 3e cycle[1] soutenu à Montpellier et que cite mon collègue et ami Francis Hallé[2]. Dans les régions désertiques du Mexique, on trouve emmêlés des cactus ressemblant en tous points par leur morphologie aux agaves près

1. *Convergences géographiques. L'hypothèse d'une transmission d'information génétique par des voies non sexuelles*, Diplôme de 3e cycle, université Montpellier II, 1983.

2. *Éloge de la plante. Pour une nouvelle biologie*, *op. cit.*

desquels ils poussent. Pourtant, les deux familles auxquels ils appartiennent sont très éloignées et produisent des fleurs fort différentes. Comment des cactus, dont on connaît le port en cierge, en raquette ou en boule, peuvent-ils mimer à ce point des agaves, ces grosses plantes à longues feuilles épaisses, charnues, terminées par un dard acéré ? – elles sont nombreuses sur les talus de chemins de fer de la Côte d'Azur. Puis ont été recueillies d'autres observations du même type, recensées par Francis Hallé : chaque fois, des plantes morphologiquement semblables et floristiquement différentes vivaient en étroite proximité les unes avec les autres. De ces observations émergea une hypothèse non prouvée à ce jour, mais parfaitement plausible : celle d'un transfert horizontal de gènes architectes déterminant la morphologie de ces plantes.

Dès le début des années 1950, Barbara McClintock avait mis en évidence, sur le maïs, des « gènes sauteurs », plus tard baptisés « transposons », ce qui lui valut en 1983 le prix Nobel de médecine. Ces transposons pratiquent la technique du copier-coller : une séquence d'ADN passe sur un gène d'un site à un autre. Dès lors, les transposons prirent place à côté des mutations dans les changements intervenant sur les structures des gènes.

De telles transpositions sont courantes, on l'a vu, chez les bactéries où un morceau d'ADN passe aisément d'une bactérie à une autre, conférant à celle-ci des propriétés nouvelles. Le caractère induit est stable et transmissible aux bactéries filles.

L'exemple de l'atrazine illustre ce processus. Cette molécule herbicide a été fort utilisée depuis un demi-siècle pour éliminer les mauvaises herbes dans les champs de maïs. Elle est aujourd'hui interdite, ses effets sur la santé humaine la rendant suspecte, mais aussi pour avoir perdu son efficacité. De nombreuses « mauvaises herbes » sont devenues résistantes. Deux mécanismes différents, selon la mauvaise herbe considérée, expliquent ces résistances acquises :

Le premier est typiquement darwinien. L'atrazine élimine les mauvaises herbes non résistantes sans toucher à celles qui ont acquis antérieurement une résistance par mutation. Celles-ci sont avantagées et donc sélectionnées ; elles prennent le dessus et l'atrazine finit par perdre toute efficacité.

Le second mécanisme est différent. Il a été mis en évidence par Henri Darmency[1], de l'INRA de Dijon, sur le chénopode blanc, une mauvaise herbe des champs de maïs consommée comme épinard au Moyen Âge. Cette fois, l'atrazine pénètre dans le

---

1. *Genetics of Herbicide Resistance in Weeds and Crops*, *in* S. B. Powles et J.A.M. Holtum, *Herbicide Resistance in Plants*, *Biology and Biochemistry*, Lewis Publishers, 1994.

chloroplaste, bloque la photosynthèse et tue la plante. Ce n'est plus l'ADN du noyau qui est touché, mais l'ADN du chloroplaste. Or, face à l'atrazine, un gène de cet ADN peut muter. On connaît le gène mutant et la nature exacte de cette mutation ; elle s'effectue sur le codon 264 du gène psbA de l'ADN chloroplastique. Ainsi mutée, la plante devient résistante à l'atrazine. Or, selon l'opinion de Lynn Margulis exposée plus haut, le chloroplaste est le lointain descendant d'une cyanobactérie associée par symbiose à une cellule encaryote qui devint du coup une cellule végétale comme nous l'avons vu. Et Francis Hallé, qui rapporte en détail cet exemple, de conclure : « Cette même mutation confère la résistance à l'atrazine à des organismes très divers – cyanobactéries, algues, plantes vasculaires mono et dicotylédones –, alors qu'on se serait attendu à priori à des mutations différentes chez des organismes aussi éloignés génétiquement les uns des autres : cela renforce l'idée que l'association des cellules animales et des cyanobactéries, qui a donné naissance à la cellule végétale, a été un phénomène unique plutôt qu'un phénomène récurrent[1]. »

Dans le cas de la résistance à l'atrazine, la plante est donc sensible à deux types de mutations : celles qui, comme chez toutes les cellules à noyau, affectent l'ADN de ces noyaux, et celles qui touchent les

1. Francis Hallé, *Éloge de la plante. Pour une nouvelle biologie*, *op. cit.*

chloroplastes d'origine bactérienne. Ceux-ci continuent de fonctionner comme des bactéries et d'acquérir des résistances par échange de gènes mutés. Par cet exemple, on s'éloigne du schéma simple selon lequel une mutation n'affecte qu'un gène d'un ruban ADN contenu dans le noyau. Les mutations peuvent aussi atteindre les gènes du chloroplaste (anciennement cyanobactéries).

Mais revenons aux convergences morphologiques observées chez les plantes supérieures. Rien n'interdit de penser qu'elles sont la conséquence du passage d'un gène d'une plante à une autre appartenant même à une espèce différente. Ce passage s'effectuerait au niveau des racines : un segment de chromosome portant le ou les gènes architectes responsables de la morphologie, excisé de son ADN d'origine, pourrait être emporté par un virus quittant sa cellule hôtesse ; ce virus serait transporté dans la nouvelle cellule hôtesse d'une autre plante par un vecteur : champignon du sol, ver, puceron, insecte piqueur, plante parasite, etc. C'est ce qu'on appelle le transfert horizontal. Un caractère d'une plante touchant, dans notre exemple, la morphologie est transmis hors de toute sexualité à une autre plante qui le transmet ensuite à sa descendance, processus à tonalité lamarckienne.

Lamarck a insisté sur l'hérédité des caractères acquis par la répétition de comportements conférant des habitudes et modifiant les organes, conformément à l'adage : « La fonction crée l'organe et l'usage le renforce. » Pour lui, le caractère nouveau créé par l'habitude était transférable à la descendance. Rien de tel ici, où nous sommes dans une sorte d'entre-deux entre néodarwinisme et lamarckisme, où des caractères acquis par transfert de gènes, donc par des voies non sexuelles, sont transmis à la descendance.

Tout cela reste encore à prouver. Il faudrait expérimenter sur le génome des faux de Verzy pour repérer le gène responsable du port des « tortillards » et vérifier si ce gène est bien absent des hêtres normaux, ou si son inhibition ferait disparaître le caractère tortillard… L'hypothèse d'un transfert horizontal de gène est toutefois la seule qui permette de comprendre, en l'état actuel de nos connaissances, ces étranges convergences entre plantes vivant dans une même aire géographique, appartenant à des familles différentes et acquérant la même morphologie.

CHAPITRE 13

Une addition réussie : la symbiose

Passons à un autre niveau de complexité, là où des individus de deux espèces différentes s'organisent en symbiose.

La symbiose est au cœur de la vie cellulaire. Lynn Margulis postule, on l'a vu, l'origine symbiotique de la cellule eucaryote dont la mitochondrie et les chloroplastes sont les symbiotes. La mitochondrie vit de l'oxygène qui, il y a 1,5 à 2 milliards d'années, atteignait déjà, dans l'atmosphère, une teneur de 20 %, comme aujourd'hui. C'est une bactérie encastrée dans une cellule à noyau qui lui permet de produire de l'énergie par respiration grâce à cet oxygène. Dans un deuxième temps, pour les cellules végétales, une cyanobactérie sera à son tour intégrée dans la cellule eucaryote pour permettre la photosynthèse.

L'article de Lynn Margulis daté de 1967 fut refusé par une quinzaine de publications scientifiques : sa théorie paraissait invraisemblable. Elle est aujourd'hui admise par une majorité de biologistes, et a même été poussée plus loin.

Des gènes de mitochondries se seraient introduits dans le noyau. Dans une cellule eucaryote, les mitochondries ne peuvent vivre et se reproduire sans ces gènes présents dans le noyau de la cellule où elles vivent. De son côté, cette cellule dépend des mitochondries pour produire son énergie. Entre la mitochondrie et le noyau, la symbiose est donc parfaite. Il est prouvé que les cellules eucaryotes qui ont perdu leurs mitochondries par évolution régressive gardent dans leur noyau la trace de gènes d'origine mitochondrial, signant par là leur lointaine ascendance symbiotique : leurs ancêtres possédaient bien des mitochondries. Ces cellules sont incapables de capter l'oxygène et se nourrissent aux dépens des êtres qu'elles parasitent. La perte de la mitochondrie casse la symbiose et signe la régression parasitaire.

Lynn Margulis contredit ou plutôt complète Darwin qui écrivit : « Toute la nature est en guerre, chaque organisme avec un autre ou avec la nature entière. » Margulis répond : « La vie n'a pas conquis la terre par des combats, mais en tissant des réseaux. L'arbre de la vie s'inspire bien de la fameuse métaphore du “corail de la vie” [selon

Darwin], puisque le corail est symbiotique entre un animal et un végétal. Le corail, contrairement aux branches d'un arbre, a des branches qui peuvent se rejoindre et fusionner, illustrant la transversalité[1]. »

La métaphore du « corail de la vie » appartient à Darwin ; il voyait dans le corail, dont la base meurt et le sommet se diversifie en branches divergentes, le modèle de l'arbre de l'évolution. Contemporain de Darwin duquel on ne devrait jamais le dissocier, puisqu'il a codécouvert avec lui le rôle de la sélection naturelle, Wallace voyait plutôt l'image de l'arbre de la vie dans un « chêne noueux ». Un siècle et demi après Darwin et Wallace, le modèle strictement compétitif laisse peu à peu la place à un modèle plus nuancé où les coopérations par symbiose ou coévolutions jouent un rôle de plus en plus important.

Dans son sens premier, la symbiose est l'aptitude qu'ont deux espèces appartenant à des groupes différents de s'associer si étroitement qu'elles paraissent n'en faire plus qu'une. Cette aptitude est le privilège d'espèces encore peu évoluées occupant la base des classifications botaniques ou zoologiques.

Glaucocystis nostochinearum est une algue verte qui a perdu ses chloroplastes ; elle est donc incapable de réaliser la photosynthèse. Cette algue

---

1. Lynn Margulis, *L'Univers bactérien*, *op. cit.*

unicellulaire d'eau douce s'est organisée avec des cyanobactéries, en général au nombre d'une douzaine, qu'elle loge dans sa cellule, disposées en étoile dont les branches divergent autour d'un point proche du noyau de l'hôte. Ces cyanobactéries contiennent naturellement de la chlorophylle et assurent l'autonomie autotrophique de l'algue. Chaque cyanobactérie, baptisée « cyanelle », est d'un beau bleu, qui pourtant se décolore à proximité du point central de l'étoile où elle constitue une sorte de zone intermédiaire entre l'hôte, l'algue *Glaucocystis*, et elle. Séparée de son algue, la cyanelle est incapable de vivre de façon autonome, malgré ses chloroplastes, mais l'algue unicellulaire ne survit pas non plus sans sa cyanelle. L'une et l'autre ne peuvent que vivre ensemble pour former un être symbiotique associant étroitement algue verte et cyanobactéries (algues bleues).

L'aptitude des Algues à contracter des unions symbiotiques se manifeste dans la grande classe des Lichens. Un lichen est un individu résultant d'une étroite symbiose entre une algue et un champignon : un être double, mais qui possède une authentique individualité, au point que les Lichens ont longtemps été considérés comme des espèces ordinaires. Il fallut de longues polémiques, à la fin du XIXe siècle, pour que le caractère symbiotique des Lichens finisse par être admis de tous.

L'algue en question est une algue verte monocellulaire, plus rarement une cyanobactérie. Quand elle s'associe aux filaments du champignon : les deux êtres en forment un seul, doté de propriétés nouvelles que ne présente ni l'un ni l'autre de ses éléments constitutifs, en particulier une robustesse sans égale dans la nature. D'où la présence de lichens en des lieux secs et arides : un rocher, une pierre tombale, une souche d'arbre desséchée. Accoutumés à vivre dans des conditions extrêmes, certains d'entre eux battent des records, parvenant à survivre à des températures proches du 0° absolu (-273 °C), voire dans un four porté à 100° C ! Leur légendaire robustesse tient à leur aptitude à se recroqueviller sur eux-mêmes, cessant tout échange avec le monde extérieur lorsque les conditions deviennent par trop sévères. Puis, le milieu redevenant favorable, ils recouvrent leur vigueur et leur vitalité : c'est le phénomène de reviviscence propre aux végétaux primitifs. C'est à cette propriété qu'ils doivent aussi de battre des records d'altitude, par exemple, comme *Lecanora polytropa* qu'on trouve dans l'Himalaya jusqu'à 7 400 m : c'est la plante la plus haute du monde.

La symbiose lichénique est d'une extrême solidité. Livré à lui-même, le champignon ne produit qu'un amas de cellules désorganisées, tandis que l'algue ne parvient pas à survivre. On a dénombré plus de 20 000 espèces de lichens ; 13 500 espèces de champignons sont capables de s'associer avec des algues pour instaurer cette vie en commun, mais le nombre d'algues candidates à de tels mariages est plus limité.

Le champignon apporte à l'algue l'eau et les sels minéraux dont elle a besoin pour effectuer sa photosynthèse. En l'enveloppant de ses filaments, il l'empêche de se déshydrater. Il peut aller jusqu'à l'entourer d'une sorte de gel hydrophobe, pour lui conserver son humidité afin de la protéger de la sécheresse qui lui serait fatale. De son côté, l'algue chlorophyllienne effectue la photosynthèse et nourrit le champignon avec les sucres qu'elle élabore. Elle est le producteur ; le champignon, le consommateur. Les deux assemblés, comme dit la Bible de l'union de l'homme et de la femme, « ne font plus qu'une seule chair ».

Comme il advient fréquemment des phénomènes additifs, des propriétés nouvelles en découlent, de sorte que « le tout est plus que la somme des parties ». Au-delà de ces échanges de services entre algue et champignon, on estime à plus de trois cents le nombre de molécules diverses, fruits de cette symbiose, qui n'auraient pu être synthétisées ni par l'algue ni par le champignon pris individuellement. Parmi celles-ci figurent des antibiotiques qui jouent un rôle protecteur non seulement pour le lichen, mais aussi pour son support si celui-ci est un végétal – un arbre, par exemple.

Mais les Lichens montrent, dans l'associativité, un esprit de suite. Non contents d'avoir expérimenté la formule « un champignon plus une algue, cela donne un lichen », soit 1+1 = 1, certains lichens ont poussé le goût de l'innovation jusqu'à mettre en œuvre des formules plus paradoxales, du style 1+1+1 = 1. Ils associent alors au champignon deux espèces d'algues : souvent, simultanément, une espèce d'algue verte et une cyanobactérie du genre Nostoc. Pas moins de cinq cents espèces de lichens présentent cette étrange configuration.

Au nord de l'Écosse, *Nephroma articum* fait mieux encore : ce lichen s'associe à un champignon, une algue verte et *deux* espèces de cyanobactéries, réussissant l'équation gagnante, soit 1+1+1+1 = 1 !

S'ils excellent dans l'art d'additionner les parties végétatives des deux, ou trois, ou quatre espèces qui les constituent, les Lichens, en revanche, sont très « embarrassés » quand il s'agit de reproduction sexuée. Comment un être unique peut-il assurer la sexualité d'espèces différentes ? Les Lichens ont en général renoncé à la sexualité. Les espèces se maintiennent par fragmentation d'individus : une sorte de scissiparité qui rappelle celle des bactéries. Les Lichens ne copulent pas, ils se bouturent.

La synthèse par rencontre et union de deux partenaires capables de construire un être double, le lichen, est possible mais très improbable, d'autant que l'algue et le champignon réciproquement modifiés par symbiose existent rarement à l'état libre. Le lichen s'exclut ainsi des processus habituels par lesquels la sexualité brasse les gènes de génération en génération, cause reconnue de la variabilité des espèces dont les variantes seront soumises à la sélection naturelle. Georges Mangenot s'interroge à leur sujet : « Dans quelle mesure des organismes ainsi constitués peuvent-ils varier, se différencier, s'adapter et évoluer[1] ? »

Les Lichens ne sont pas seuls à avoir embarrassé les naturalistes de par leur structure. Les Coraux les ont intrigués bien davantage encore. À quel règne appartiennent-ils : minéral, végétal ou animal ? Au toucher, ils ont une consistance minérale, mais, par leur forme, ils évoquent des arbustes ou des fleurs. Seul l'animal n'apparaît point, et c'est lui pourtant qui forme la structure du corail. Le maillon de base d'un récif corallien est le polype, apparu dans les océans il y a 600 millions d'années. Minuscule animal à corps mou, il s'ouvre par une bouche ornée d'une couronne de tentacules. Rarement solitaires, les polypes forment de vastes colonies qui organisent leur existence avec des algues symbiotiques, les zooxanthelles, dont les pigments confèrent aux coraux leur couleur : verte quand domine la chlorophylle, rouge vif quand ils sont riches en caro-

1. *Encyclopedia Universalis*, article « Symbiose ».

ténoïdes. Ces zooxanthelles s'installent dans le cytoplasme des cellules des polypes et y effectuent la photosynthèse. Les polypes bénéficient des sucres ainsi élaborés, qui les nourrissent. En outre, les zooxanthelles interviennent dans la construction du récif. Elles absorbent le gaz carbonique et les éléments – eau et sels minéraux – nécessaires à la photosynthèse en les prélevant dans l'environnement marin. Du coup, le bicarbonate dissous précipite sous forme de carbonate insoluble, de consistance minérale, formant le squelette des polypes. Ce squelette protège à son tour des prédateurs les zooxanthelles qui ont contribué à l'édifier.

Comme pour les Lichens, le fonctionnement d'un récif illustre à merveille la formule de Pascal selon laquelle le tout est plus que la somme des parties. Ni le polype ni la zooxanthelle n'aurait de chances de survivre en dehors de cette symbiose. Faute de zooplancton en quantité suffisante en haute mer, les polypes manqueraient de proies pour se nourrir. L'apport en sucres fourni par l'algue leur est donc indispensable. Les zooxanthelles exigent des ions phosphore pour synthétiser leurs acides nucléiques. Ceux-ci leur sont fournis par les polypes : de nature animale, ils sont capables de capturer un minimum de proies planctoniques, sources de phosphore à la fois pour eux-mêmes et pour les zooxanthelles. De ce point de vue, un récif corallien est comparable à une oasis : il concentre les nutriments nécessaires à la vie et illustre l'efficacité du mutualisme entre des êtres autotrophes (ceux qui font la photosynthèse) et hétérotrophe (ceux qui se nourrissent de proies).

Dans toutes ces symbioses, les algues occupent une place de choix. Elles assurent par photosynthèse l'alimentation du symbiote auquel elles se sont associées. Au niveau des plantes et des animaux supérieurs, les symbioses sont plus lâches, hormis sous leur forme dégradée, le parasitisme, où les services rendus sont à sens unique dans la mesure où l'un en profite sans rien donner. Il y a toujours vie en commun, tant que le parasite ne tue pas son hôte, mais c'est une symbiose dégénérée qui ne mérite plus ce nom.

L'émergence d'étroites symbioses comme celles qui unissent des algues monocellulaires à des partenaires aussi différents que des champignons pour former des lichens, des cyanobactéries pour assumer à leur profit la photosynthèse, ou d'animaux comme les polypes pour former des coraux, reste un phénomène mystérieux qui n'a pas trouvé à ce jour une explication définitive. Que des milliers d'espèces de champignons soient capables de s'associer à des centaines d'espèces d'algues pour former une des principales divisions du règne végétal, les Lichens, et que les zooxanthelles en fassent autant avec les polypes, voilà qui correspond à une tendance évolutive lourde fondée sur la réitération du même processus d'associativité.

Avec un poisson du genre *Amphiprion* (appelé communément poisson clown), on passe de la symbiose à la coévolution. *Amphiprion* vit dans l'anémone de mer, entre les tentacules de cette redoutable carnassière qui pourtant ne l'attaque pas. En revanche, réduite en bouillie, la chair d'*Amphiprion* est consommée par l'anémone ; le poisson n'est donc pas toxique pour elle. Ce poisson est protégé par un mucus contre les piqûres de l'anémone, fatales aux espèces imprudentes qui s'en approchent. Quand un gros poisson, attiré par la présence de petits *Amphiprions*, s'approche de l'anémone, celle-ci l'attaque pour le manger. Tout se passe comme si *Amphiprion*, par l'attirance qu'il exerce sur ses prédateurs, entraînait ceux-ci dans un piège, c'est-à-dire entre les tentacules de la redoutable anémone. Il y a bel et bien symbiose entre *Amphiprion* qui attire ses prédateurs vers l'anémone de mer, laquelle les dévore, et celle-ci qui le protège desdits prédateurs en l'abritant entre ses tentacules.

De telles symbioses assez lâches sont nombreuses dans la nature et répondent au concept de coévolution, à l'instar de celles qui se sont développées entre les plantes à fleurs et les insectes qui les pollinisent.

CHAPITRE 14

Mariages entre fleurs et insectes

Plantes et animaux supérieurs n'organisent pas d'étroites symbioses aboutissant à des êtres doubles comme les Lichens ou les Coraux. Leur collaboration se développe dans le respect de la spécificité de chacune des espèces qui s'y engagent. En résultent cependant des coévolutions intimes par lesquelles une espèce de plante et une espèce d'insecte pollinisateur, par exemple, finissent par être rigoureusement dépendantes l'une de l'autre.

La coévolution des insectes et des fleurs explique l'extraordinaire explosion des Angiospermes au Crétacé, dernière période de l'ère secondaire. La plupart des espèces de plantes à fleurs attirent indifféremment diverses espèces d'insectes pollinisateurs, mais lorsque la coévolution devient plus étroite, on aboutit à des relations interdépendantes entre deux espèces. Ainsi des

Yuccas, exclusivement pollinisés par un insecte, le *Pronuba*.

Chacun connaît les Yuccas, dont le port végétatif ressemble à celui des Dracénas, arbustes dressés souvent présents dans nos appartements. Les feuilles très allongées, terminées par des pointes piquantes, partent toutes du même point du tronc. De ce berceau de feuilles monte une hampe florale porteuse de grosses fleurs blanches en forme de clochettes. Originaires des déserts d'Amérique du Nord – Mexique et États-Unis –, les Yuccas ont adopté un mode de pollinisation original.

Les insectes *Pronuba* trouvent dans ces fleurs en cloches un abri contre les rigueurs du soleil. Au crépuscule, ils sortent des fleurs ; les mâles recherchent les femelles pour les féconder. Puis les femelles prennent la situation en main : elles se posent sur les étamines, ramassent du pollen, en font une boule volumineuse, de la consistance du mastic, qu'elles placent entre leur tête et leurs pattes avant. Elles la forment comme on roule une boule de neige pour l'agglomérer, jusqu'à ce qu'elle soit plus grosse que leur tête. Ensuite elles s'envolent vers une autre fleur pour pondre. Arrivée à destination, chacune des femelles manifeste autant de sollicitude pour sa future progéniture que pour la fleur hôtesse. On la voit se partager avec zèle entre ses rôles de mère et de pollinisatrice, dans un étrange ballet parfaitement réglé. Elle grimpe dans la fleur pendante et pond un œuf dans l'ovaire ; puis elle se dirige vers le stigmate, organe récepteur femelle, et y dépose du pollen. Elle revient ensuite pondre un deuxième œuf dans l'ovaire, va déposer encore un peu de pollen sur le stigmate, et poursuit ce va-et-vient jusqu'à ce qu'elle n'ait plus de pollen à donner ni d'œuf à pondre. Puis elle meurt sans jamais voir sa descendance ni savoir qu'elle a pourvu à la nourriture de cette dernière en assurant la pollinisation.

En éclosant dans l'ovaire, chaque larve consomme environ vingt jeunes graines. Le nombre de larves par ovaire dépassant rarement six, à elles six elles consomment cent vingt graines. Comme chaque ovaire comporte en moyenne deux cents jeunes ovules, donc deux cents graines en puissance, on peut considérer que les larves en dévorent la moitié, et laissent le reste. L'ovaire des Yuccas sait faire la part du feu : il paie avec la moitié de ses graines le service de pollinisation que lui a rendu l'insecte en nourrissant ses larves.

Le service rendu par les insectes *Pronuba* est d'autant plus nécessaire que les fleurs de yucca sont incapables de s'autopolliniser spontanément en raison de la position respective de leurs organes mâles et femelles : les étamines pendent vers le sol et ne peuvent que répandre leur pollen par terre. Sans ces insectes, les Yuccas seraient incapables de survivre !

Au surplus, entre l'insecte et le yucca, il s'agit d'un mariage strictement monogame supposant une fidélité mutuelle absolue, cas rarissime dans la nature. Ils ne peuvent se passer l'un de l'autre. Sans le concours de l'insecte, la plante est condamnée à rester stérile. Inversement, l'insecte ne peut survivre sans trouver dans ces fleurs abri et nourriture. Dans ce ménage, chacun fait des concessions : la fleur abandonne à l'insecte un certain nombre d'ovules ; l'insecte se donne beaucoup de peine pour réussir la pollinisation.

La famille des Orchidées, l'une des plus récentes du règne végétal, a poussé fort loin les mécanismes de coévolution. La fleur est parfaitement adaptée pour recevoir la visite des insectes pollinisateurs à qui elle offre un nectar savoureux et abondant. Charles Darwin a fait au sujet de leur pollinisation de passionnantes observations.

Madagascar possède environ mille espèces d'Orchidées, dont plus des trois quarts sont endémiques, donc spécifiques de la Grande Île. Or Darwin fut frappé par la longueur de certains éperons dans lesquels les fleurs d'orchidée stockent leur nectar. Il fut en particulier intrigué par l'éperon d'*Angraecum sesquipedale*, espèce ainsi nommée en raison de son éperon évalué à un pied et demi de long, soit environ cinquante centimètres, ce qui est un peu exagéré. Darwin se demandait quel insecte pouvait avoir une trompe assez longue pour aller chercher du nectar dans un éperon aussi profond ! Pour lui, une plante porteuse d'un tel éperon ne pouvait être qu'une erreur de la nature, comme une condamnée à mort en sursis que les insectes finiraient par délaisser, faute d'y trouver leur compte. Il fallut encore quarante ans pour découvrir un gros papillon du groupe des Sphinx à qui sa trompe, extrêmement longue lorsqu'elle est déployée, permet d'atteindre le fond des éperons d'*Angraecum*. Entre ce sphinx et cette fleur, une adaptation mutuelle s'est faite au cours des âges, encore qu'il soit difficile de dire qui de l'insecte ou de la fleur s'est adapté à l'autre. C'est le fameux casse-tête de l'œuf et de la poule, et la réponse est bien entendu qu'il y a eu entre eux adaptation mutuelle : l'un et l'autre ont évolué simultanément, aboutissant à une formule de coexistence excluant tout insecte compétiteur, puisque aucun hormis le sphinx ne possède une trompe assez longue pour réussir cette étrange et laborieuse copulation buccale avec l'éperon d'*Angraecum*.

On découvrit plus tard en Amérique du Sud un sphinx dont la trompe, extrêmement longue, à l'instar de celle du sphinx de Madagascar, conduisait à s'interroger sur la nature de la fleur qu'il pouvait bien visiter. On découvrit après quelques années une orchidée du genre *Habenaria* possédant un éperon nectarifère de longueur équivalente. C'était, rééditée en Amérique, l'histoire d'*Angraecum*, mais cette fois prise à l'envers…

Les Orchidées semblent détenir le secret de ces étranges mariages monogames entre une espèce de fleur et une espèce d'insecte. La constance et la fidélité sont les uniques garants de la perpétuation de l'espèce, car la fleur ne peut être fécondée que par son partenaire spécifique dont la disparition signerait son arrêt de mort.

C'est l'accident qui a bien failli se produire dans le cas de la vanille. Originaire du Mexique, la vanille y est utilisée de longue date. Lorsqu'on l'a introduite en culture dans les îles de l'océan Indien, à Maurice et à la Réunion, il fallut se rendre à l'évidence : frappée de stérilité, la vanille ne donnait plus de fruits. Les recherches entreprises montrèrent alors qu'elle n'était fécondée que par une seule espèce d'insecte, le mélipone, qui n'existait pas dans ces îles et qu'on n'avait naturellement pas songé à importer de sa patrie d'origine, le Mexique, en même temps que la vanille. Or l'architecture de la fleur est telle que seul cet insecte parvient à déposer le pollen au bon endroit, en l'occurrence sur un stigmate difficilement accessible.

Les quelques tentatives effectuées pour adapter l'insecte aboutirent à des échecs. Il fallut finalement qu'un jeune Noir invente une méthode artificielle de fécondation que l'on pratique encore aujourd'hui : le pollen est prélevé avec des pincettes, puis posé sur la partie réceptrice de la fleur, son stigmate. La vanille est donc fécondée par insémination artificielle au même titre que les animaux domestiques ! Dans ces régions où son partenaire naturel n'existe pas, l'homme, en se substituant à lui, est devenu son unique chance de survie. Veuve de son insecte favori, la vanille épouse l'homme en secondes noces, ce qui ne signifie pas, comme l'écrivit un étudiant étourdi, qu'elle soit fécondée par... du pollen humain !

Spectaculaires et plus édifiantes encore sont les étranges relations que les Orchidées entretiennent avec leur partenaire unique lorsqu'elles tendent à lui ressembler par mimétisme, jeu auquel se livrent avec succès nos Ophrys indigènes. Un pétale, le labelle chargé d'attirer l'insecte et de guider son atterrissage, va au bout de la logique : il prend l'apparence d'un insecte et imite son odeur. On le voit ressembler, selon l'espèce, à un moucheron, un frelon, une mouche, une guêpe ou une araignée. La fleur sera naturellement fécondée par l'insecte correspondant.

Chez les Drakea, petites orchidées australiennes, le comportement mimétique atteint à la perfection. Ces plantes discrètes vivent en terrain sablonneux ; elles ne possèdent qu'une seule feuille et une seule fleur, portée par une tige d'environ 20 cm de haut. Ces orchidées somme toute peu spectaculaires passent inaperçues dans le paysage australien. Le fameux labelle à allure d'insecte est fixé à l'extrémité d'un long axe flexible, d'où une forme évoquant vaguement un marteau ; d'où aussi le nom d'« Orchidées-marteaux » donné à ces fleurs ; d'où, enfin, la capacité, pour ce labelle en forme d'insecte, de se balancer à l'extrémité de son axe sous l'effet du vent ou du moindre choc.

Le problème de la pollinisation des Orchidées-marteaux est longtemps resté un véritable casse-tête botanique ! Personne n'avait jamais vu d'insecte se poser sur ces fleurs, bien qu'elles soient si parfaitement semblables à des insectes et donc si attractives pour eux, on finit même par penser que leur pollen était véhiculé par le vent. Mais c'était commettre là une grossière erreur, comme l'a montré Mrs Ericson en parvenant, après de patientes observations, à décrypter le mode de pollinisation de ces étranges orchidées.

L'agent pollinisateur de ce marteau flexible est une guêpe du groupe des Thynnidées. Ces guêpes sont des parasites de larves de scarabées, lesquelles parasitent elles-mêmes des racines. Ces larves vivent enterrées, et les guêpes, pour s'en repaître, doivent également s'organiser pour la vie souterraine : du coup, les femelles abandonnent leurs ailes, évidemment inutiles et encombrantes pour creuser des tunnels, et transforment leur capacité de vol en aptitude à vivre dans des galeries. Ces guêpes femelles ne peuvent donc plus voler, ce qui, au moment de la reproduction, devient un handicap majeur, car les mâles, eux, ont conservé le mode de vie de leurs ancêtres : ils ont des ailes et ne vivent pas sous terre !

Aussi est-ce le mâle qui, le moment venu, va prendre ses responsabilités pour pallier le lourd handicap de la femelle. Quand celle-ci sort de terre, pressée par l'instinct de reproduction, elle grimpe au sommet d'une plante et s'installe dans une position visible et accessible, émettant une substance chimique d'appel – une phéromone sexuelle ; plus prosaïquement, un « parfum d'amour ». Les mâles, en patrouille aérienne permanente, répondent à cet appel en forme d'effluves parfumés. La femelle ayant choisi une situation « très en vue » au sommet de sa tige, le mâle se précipite sur elle et l'arrache littéralement à son support. La femelle s'agrippe à lui par ses mandibules et le couple s'envole un peu comme un bombardier portant un missile sous son ventre (le mâle est nettement plus gros que la femelle). Mâle et femelle copulent ainsi longuement en cours de vol, le mâle promenant la femelle de fleur en fleur. Celle-ci se nourrit du nectar de fleurs qu'elle n'a jamais connues jusque-là, puisqu'elle n'a vécu qu'emprisonnée dans ses galeries souterraines où elle s'est repue de larves de scarabées. Ce vol nuptial est donc aussi un épisode gastronomique, quelque chose comme un long repas de noces qui peut durer jusqu'à vingt-quatre heures. Puis le mâle ramène la femelle dans un endroit riche en scarabées où elle s'enterre pour y poursuivre sa vie obscure et y mourir.

Les Orchidées-marteaux tirent astucieusement parti de ce comportement, comme si elles l'avaient minutieusement observé, puis décodé. Elles modifient leur labelle de telle sorte qu'il ressemble exactement à une petite femelle thynnidée, bien rebondie et émettant l'odeur exacte de la phéromone émise par la vraie femelle. Cette fausse femelle se trouve à l'extrémité d'un bras court qui peut se balancer de haut en bas au gré du vent. La colonne abritant les organes sexuels se trouve exactement dans l'axe de ce bras, à l'arrière de la fleur. Les guêpes mâles se précipitent sur ces fausses femelles, mais ne réussissent pas à les arracher, et pour cause, de leur support ! Ils se balancent alors pendant quelques instants, frappent la colonne porteuse de pollen, et quittent la fleur revêtus de celui-ci. Comme l'action se déroule en moins d'une seconde, on conçoit qu'on ait fort peu de chances de saisir la scène. Car la visite s'effectue en piqué et l'insecte abusé quitte promptement le mime, emportant le pollen avec lui.

De surcroît, chacune des quatre espèces d'Orchidées-marteaux n'est fécondée que par une espèce de guêpe particulière : on assiste ainsi à la formation de couples fidèles et monogames. Cette stricte fidélité est due à la spécificité des hormones sexuelles odorantes émises par les labelles mimétiques et qui n'attirent que les mâles des espèces appariées. Un record de fidélité, car ce type d'association strictement monogame entre une fleur et son pollinisateur est extrêmement rare. Moyennant quoi, les Orchidées-marteaux ne font jamais d'hybrides, puisque le pollen d'une espèce n'est jamais véhiculé par l'insecte que sur une fleur de la même espèce. De ce fait, l'espèce reste pure de toute contamination étrangère, et l'ensemble forme un petit monde hermétique où nul n'est convié à fourrer son nez, si ce n'est l'herbivore brouteur ou le botaniste observateur... Même au fin fond de l'Australie, une plante n'est jamais seule !

Le mimétisme des fleurs d'Orchidées est une vraie curiosité de la nature qu'il est difficile d'interpréter par des mécanismes strictement darwiniens. Comment une orchidée peut-elle se mettre à ressembler à son pollinisateur au point qu'un observateur insuffisamment attentif se laisse prendre par ce mime et le confonde avec un véritable insecte ? Quel mystérieux « attracteur » a pu entraîner la fleur dans cette étrange aventure évolutive, l'amenant à adopter la morphologie d'un pollinisateur ? La mutation s'est-elle faite d'un seul coup, par l'intervention de quelque gène homéotique ? Mais les gènes homéotiques remplacent des organes existant les uns par les autres ; ils ne créent pas d'organes entièrement nouveaux ! Alors ? L'insecte aurait-il transmis une part de son génome à l'orchidée par transfert horizontal ? Mais pourquoi un tel phénomène n'est-il visible que chez les Orchidées ? Inaugure-t-il un nouveau type de symbiose ? Mystère.

Les phénomènes de coévolution ont souvent été comparés à une sorte de course aux armements. Dans le cas d'*Angreacum* et de son sphinx, toute mutation allongeant l'éperon favorise, par sélection, les mutations survenant chez l'insecte pour allonger sa trompe.

On peut imaginer des phénomènes analogues chez les feuilles d'une liane d'Amérique tropicale, la passiflore, qui se sont rendues toxiques pour leurs prédateurs. Seul un papillon du genre *Heliconius*, dont les larves les dévorent avec ardeur, est parvenu, sans doute par mutation, à se rendre indifférent au poison élaboré par ces feuilles. Un poison pourtant très efficace pour écarter d'autres prédateurs potentiels, à moins que ceux-ci ne finissent à leur tour par sélectionner une mutation qui les rendrait insensibles au poison de la liane ? Mise en difficulté, il se pourrait alors que, par une nouvelle mutation, celle-ci élabore un nouveau poison pour déjouer la ruse du prédateur devenu insensible à son premier poison ; celui, justement, auquel *Heliconius* est insensible… Et ainsi de suite !

Cette « course aux armements » a été comparée aux subterfuges de la Reine rouge, figure incontournable d'*Alice au pays des merveilles*, de Lewis Carroll. Le personnage s'essouffle à courir, mais le paysage autour de lui ne change pas, comme s'il courait sur un tapis roulant tournant en sens contraire. Cette explication de type darwinien, lorsqu'elle porte sur la longueur d'un organe ou l'élaboration d'une substance toxique, comme dans les exemples précédents, est parfaitement recevable. Mais qu'en est-il du processus qui modifie petit à petit – ou d'un seul coup – la morphologie du labelle par comparaison avec un objet extérieur, le véritable insecte, apparemment étranger au mécanisme ayant abouti à cet étrange mimétisme ? Et si un autre mécanisme intervient, quel est-il ? La question se pose dans les mêmes termes pour toutes les modifications mimétiques : végétaux ressemblant à des animaux, comme ici, ou animaux ressemblant à des végétaux, comme les phasmes ou l'hippocampe, le bien nommé dragon de mer feuillu qui imite parfaitement les varechs des mers du Sud australien. En la matière, tout reste encore à découvrir !

QUATRIÈME PARTIE

Réflexions sur l'évolution

CHAPITRE 15

Histoire de l'idée d'évolution

Jusqu'au début du XVIIIe siècle, le monde naturaliste était fixiste. On croyait à une origine unique pour chaque espèce, ses individus se perpétuant indéfiniment, identiques à eux-mêmes. Le récit biblique de la Création en sept jours, ouvrant le livre de la Genèse, restait pour l'Occident la référence incontournable. On croyait aussi à la génération spontanée et à cette idée, si étrange pour notre temps, qu'une souris pouvait naître spontanément dans une caisse où traînaient des vêtements sales imprégnés de sueur. De même des mouches naîtraient du fumier. Étonnant déni du sens de l'observation !

C'est au milieu du XVIIIe siècle que l'idée d'évolution se fait jour. Dans un ouvrage édité en Allemagne, *Le Système de la nature*, rédigé en latin, Pierre Moreau de Pertuis écrit : « Ne pourrait-on pas expliquer (...) comment de deux seuls individus la multiplication des espèces les plus dissemblables aurait pu s'ensuivre ? Elles n'auraient dû leur première origine qu'à quelque production fortuite dans laquelle les parties élémentaires n'auraient pas eu l'ordre qu'elles tenaient dans les animaux père et mère ; chaque degré d'erreur aurait fait une nouvelle espèce et, à force d'écarts répétés, serait venue la diversité infinie des animaux que nous voyons aujourd'hui, qui s'accroîtra peut-être avec le temps, mais à laquelle la suite des siècles n'apporte que des accroissements insensibles. » On croirait lire Darwin avec plus d'un siècle d'avance !

Quelques années plus tard, en 1766, Georges-Louis Leclerc, comte de Buffon, écrivait : « Si l'on admettait que l'âne est de la famille du cheval et qu'il en diffère seulement parce qu'il a varié par rapport à la forme originelle, on pourrait également dire que le singe est de la famille de l'homme, qu'il est un homme dégénéré, et que l'homme et le singe ont une origine commune ; qu'en fait toutes les familles, chez les plantes ou chez les animaux, proviennent d'une seule souche et que tous les animaux sont issus d'un seul animal, lequel aurait donné, au cours du temps, soit dans le sens d'un progrès, soit dans le sens d'une dégénérescence, toutes les autres races d'animaux (...). Il n'y aurait plus de raisons de s'imposer des limites (...), et nous n'aurions pas tort de penser qu'avec suffisamment de temps, [la nature] aurait pu donner, à partir d'un seul être vivant, toutes les autres formes organistes. » Mais, après avoir présenté ces hypothèses évolutionnistes, Buffon se reprend et affirme au contraire des convictions fixistes bien en accord avec son temps. Conviction profonde ou opportunisme politique ? Bien malin qui le dira, car il écrit ensuite : « Mais cela n'est aucunement une représentation correcte de ce qu'est véritablement la nature. Nous sommes assurés par la révélation que tous les animaux ont été également produits par la grâce d'une création directe, et que la première paire de chaque espèce est sortie complètement formée des mains du Créateur[1]. »

À l'orée du XIXe siècle, Jean-Baptiste de Monet, chevalier de Lamarck, expose, dans sa *Philosophie zoologiste*, une théorie déjà plus structurée, fondée sur la transformation progressive des espèces, comme alternative au fixisme biblique. Si cet auteur considère encore que les êtres les plus simples apparaissent par génération spontanée, il les voit ensuite se transformer en fonction des changements de l'environnement, pour s'y adapter et progresser vers des structures morphologiques de plus en plus complexes. C'est là, à ses yeux, une sorte d'escalier du progrès. Lamarck, à qui revient la paternité du mot « biologie », a aussi proposé le mot « transformisme ». Pour lui, le transformisme aurait deux

1. Cité par Christian Montenat, Luc Plateaux et Pascal Roux, *Pour lire la Création, l'évolution,* Paris, Éditions du Cerf, 2007.

causes : d'une part, les modifications de l'environnement, qui exigent l'adaptation des êtres vivants ; d'autre part, les efforts adaptatifs des animaux, qui conduisent à des modifications de leur morphologie et de leur fonctionnalité. D'où l'adage célèbre : « Le besoin crée l'organe, l'usage le développe, le défaut d'emploi finit par le faire disparaître. » Si les individus se transforment insensiblement de génération en génération, telles les girafes dont le cou s'allonge par suite de leurs efforts pour se nourrir des feuilles de l'acacia de la savane africaine, c'est parce que les modifications acquises se transmettent à leur descendance.

Désormais présente dans tous les esprits, l'idée d'évolution progresse. En 1852, le botaniste autrichien Unger écrit : « C'est dans la végétation marine (…), en particulier les algues, que l'on doit chercher la source originelle de toutes les sortes de plantes apparues par la suite. Il ne fait pas de doute que ce lignage empiriquement reconstruit peut être en théorie poursuivi plus loin en amont, jusqu'à une cellule originelle qui aurait donné naissance à la totalité du monde végétal[1]. »

Puis, en 1859, coup de tonnerre : Darwin publie *L'Origine des espèces par voie de sélection naturelle*,

---

1. Cité par C. Montenat, L. Plateaux et P. Roux, *Pour lire la Création, l'évolution*, *op. cit.*

dans laquelle il reprend à son compte l'idée de transformisme sans utiliser le mot, qu'il remplace par « descendance avec modification », en se démarquant le plus possible de ceux de ses prédécesseurs déjà attachés à l'idée d'évolution. Ses références à son grand-père Erasmus Darwin, lui aussi évolutionniste, restent plus qu'allusives. Il n'empêche que pour la postérité l'idée d'évolution lui a été attribuée. C'est ce que pensent aujourd'hui la quasi-totalité de nos contemporains : l'évolution, c'est Darwin. En fait, s'il ne s'attribue pas explicitement la paternité du concept, Darwin expose ce que sont, à ses yeux, les modalités de l'évolution. Il observe que des variations se manifestent au hasard parmi des populations animales ou végétales et que, lorsque celles-ci coïncident avec les conditions du milieu, elles sont sélectionnées et vont permettre la naissance de nouvelles espèces. C'est la sélection naturelle, devenue le paradigme fondamental de la biologie évolutive.

Il est intéressant de recenser le faisceau d'influences qui ont orienté la pensée de Charles Darwin. Il y a d'abord celle de son grand-père, Erasmus, pour qui « tous les animaux à sang chaud ont émergé d'un seul filament vivant qui avait la capacité de continuer à s'améliorer par sa propre activité inhérente ». Puis à son contemporain le grand géologue anglais Charles Lyell Darwin emprunte l'idée d'une influence décisive du facteur temps – du temps long, celui des ères géologiques, où des mécanismes encore à l'œuvre dans la nature aujourd'hui ont joué sur des millions d'années. Ces strates géologiques s'étendent de l'antécambrien à nos jours et, l'évolution des êtres vivants doit être pensée en fonction de ces très longues durées. L'influence de Malthus fut elle aussi décisive. Selon l'austère pasteur anglais de la fin du XVIIIe siècle et du début du XIXe, auteur du fameux *Essai sur le principe de population* (1798), « la population croît plus rapidement que les ressources nécessaires à la nourrir ; il en résulte une âpre lutte pour la vie dont les pauvres sont les premières victimes ». Darwin n'hésite pas à étendre ce principe malthusien à l'ensemble des êtres vivants, la sélection naturelle faisant le tri en conservant les plus aptes et en éliminant les autres.

Darwin s'inspire aussi du transformisme de Lamarck. Comme lui, il admet la transmission des caractères acquis. Il est cependant convaincu que la sélection naturelle n'en est pas moins le principal moteur de l'évolution. Il l'écrit dans *L'Origine des espèces* : « Je suis convaincu que la sélection naturelle a été le principal, mais pas le seul facteur de modification des espèces. » Il laisse par là la porte ouverte à une certaine influence possible – quoique mineure – de l'hérédité des caractères acquis. Il écrit dans le même ouvrage qu'« il y a peu de doutes que, chez nos animaux domestiques, l'usage de certaines parties de leur corps a pour effet de les renforcer et de les agrandir, et que leur absence d'utilisation a pour effet de les amoindrir ; et que de telles modifications sont héritées ». De même, pour les animaux sauvages, il pense que « les oiseaux presque dépourvus d'ailes qui habitent de nombreuses îles océanes ont perdu leurs ailes du fait qu'ils ont cessé de les utiliser ». Comment ne pas voir là un reflet de la pensée de Lamarck ?

Pourtant, ces lignes ont été mises entre parenthèses dans le darwinisme paradigmatique de notre temps. Pour les darwiniens purs et durs, il ne doit pas y subsister la moindre trace d'une influence quelconque des intuitions de Lamarck…

En 1900, le botaniste hollandais Hugo De Vries découvre les travaux du moine autrichien Gregor Mendel, décédé seize ans auparavant. Ce dernier avait publié en 1865, après l'avoir étudiée sur des lignées de petits pois, « la loi de la transmission des caractères héréditaires », mais sa découverte était passée inaperçue. Exhumée à l'aube du XXe siècle, elle débouche sur une nouvelle discipline, la génétique, qui va occuper une place croissante dans la biologie moderne. Les apports de cette jeune discipline n'étant en rien contradictoires avec la théorie de la sélection darwinienne, celle-ci se trouve renforcée et débouche sur le darwinisme moderne : le néo-darwinisme, qu'explicite, quant à ses modalités et ses processus, la « théorie synthétique de l'évolution » formulée par Theodosius Dobzhansky, Ernst Mayr et George Gaylor Simpson dès les années 1940.

Dès lors s'engage une vive controverse entre partisans inconditionnels de Darwin et l'arrière-garde lamarckienne. Deux scientifiques illustrent l'opposition entre ces deux thèses, et les risques qu'il y aurait à les pousser jusqu'à leurs ultimes conséquences.

Francis Galton, cousin de Charles Darwin, porte à l'extrême les inquiétudes de ce dernier à l'idée que les pauvres et les malades puissent se reproduire davantage que les riches et les bien-portants. Darwin, lui, ne fait qu'exprimer les idées de son époque, teintées pour nous d'un racisme latent et pour cela aujourd'hui vigoureusement combattues, mais qui ont conduit Galton à théoriser, pour sa part, les bienfaits de l'eugénisme. Selon le philosophe Daniel C. Dennett, « la meilleure idée de tous les temps », en l'occurrence le darwinisme, fut du coup entachée de soupçon. Un soupçon dont le philosophe contemporain Patrick Tort s'est employé à laver Charles Darwin dont, sans doute, un certain nombre de propos nous choqueraient aujourd'hui, mais qui, répétons-le, fut un homme de son temps, celui de l'Angleterre victorienne. Par ses réflexions sur l'altruisme, apanage de l'espèce humaine, sur lesquelles insiste Patrick Tort[1], il fut aussi un humaniste authentique.

1. *Pour Darwin*, Paris, PUF, 1997.

Quant aux thèses de Lamarck, elles ont été poussées à l'extrême par le fameux biologiste russe Lyssenko qui, niant les influences génétiques, a défendu avec acharnement l'idée d'hérédité des caractères acquis. Pour lui, il suffisait de semer des graines dans de bonnes terres judicieusement préparées à cet effet pour obtenir d'excellents rendements, quel que fût le patrimoine héréditaire des semences. Par ce raisonnement en contradiction totale avec les fondamentaux de l'agronomie moderne, fondée sur la sélection des variétés génétiquement les plus prometteuses, Lyssenko ruina l'agriculture soviétique et ne fut d'aucun recours pour les paysans russes, menacés de famine, qu'il prétendait sortir de la misère.

Exit, donc, l'eugénisme darwinien selon Galton, et *exit* le lamarckisme agronomique selon Lyssenko ! Nous voici alors parvenus au milieu du XXe siècle : qu'en est-il aujourd'hui de ces controverses et de celles que ne cesse de susciter le darwinisme ? Qu'en est-il des acquis incontestables, des hypothèses plausibles, des hypothèses risquées, des questions sans réponse ?

Essayons à présent de mettre en lumière l'actualité de l'évolution et du néodarwinnisme.

CHAPITRE 16

Convergences et contraintes évolutives

La pensée de Darwin telle qu'elle est unanimement affirmée et résumée dans la culture contemporaine est d'une simplicité biblique, encore que cette analogie soit problématique, la Bible n'étant pas d'une lecture des plus simples… Pour nos contemporains, le darwinisme s'exprime par deux idées fortes : la mutation et la sélection. Les êtres vivants varient par des mutations aléatoires dues au hasard, et le milieu sélectionne les mutants les mieux adaptés. Dans la reproduction sexuée, le choix du partenaire constitue aussi un facteur sélectif. Tel est le dogme enseigné dans toutes les écoles, les lycées, les universités, et diffusé par tous les médias. Les choses seraient-elles aussi simples ?

Pas tout à fait, comme l'attestent des apports récents puisant parfois leur substance dans des travaux antérieurs. Ces idées, frisant l'hérésie d'un point de vue strictement darwinien, s'expriment par un certain nombre de concepts tendant à limiter le rôle exclusif attribué au hasard et à canaliser les tendances évolutives à l'intérieur de contraintes préexistantes. Des pistes évolutives privilégiées semblent dès lors se dessiner, comme si l'évolution suivait une ou des directions données, en somme comme si l'on pouvait y percevoir un sens, ou, pour le dire tout net, comme si l'évolution avait un sens ! Idée cette fois franchement hérétique…

Le premier de ces concepts est celui de *convergence*. Cette idée féconde se propose de rendre compte des chemins parallèles que prend l'évolution dans des lignées évolutives complètement différentes, non apparentées entre elles. Focalisons-nous sur des exemples choisis parmi les règnes animal et végétal.

Il existe deux types d'yeux très différents : l'œil des vertébrés, le nôtre, et l'œil à facettes des insectes. Comment expliquer que l'œil des vertébrés se retrouve également sur une méduse, une araignée, un escargot vivant sur les fonds marins peu profonds. Jean Staune[1] cite cet étonnant exemple de convergence en se référant aux travaux du célèbre paléontologue de Cambridge Simon Conway Morris[2], et conclut en

---

1. *Au-delà de Darwin : pour une autre vision de la vie*, Actes Sud, 2009.

2. Simon Conway Morris, *Life's Solution*, Cambridge, Cambridge University Press, 2003.

citant deux autres scientifiques contemporains. Pour l'un, M. F. Land, « l'usage de ces yeux pour autre chose que de simples réponses à un stimulus, tâche pour laquelle ils semblent trop perfectionnés, reste un mystère[1] » ; quant à l'autre, J. R. Couly-Dillon, il ajoute : « Nous n'avons pas d'indice concernant la fonction de ces remarquables yeux[2]. » Des yeux trop perfectionnés, en somme, pour des êtres primitifs. Pourtant, ils sont bien là.

Darwin s'est interrogé sur la formation de l'œil, qu'il attribuait à un nombre incommensurable de variations allant toutes dans le même sens et sélectionnées par le milieu. Il pensait que s'il se trompait sur ce point, c'était sa théorie entière qui s'effondrerait. De fait, il se trompait ! Comment aurait-il pu en être autrement, dans la mesure où il ne connaissait pas les gènes architectes capables, nous l'avons vu, de réguler les quelque deux mille cinq cents gènes nécessaires à l'élaboration d'un œil ? Jean Staune conclut sur ce point : « Ce n'est pas l'apparition de l'œil que la théorie darwinienne peine à expliquer, mais la multiplication des apparitions d'un œil perfectionné ayant la même structure que le nôtre dans des lignées bien trop primitives

1. M.F. Land, *Handbook of Sensory Physiology. Invertebrate Visual Centers and Behaviour*, I, vol. 7/6B.

2. J.R. Crouly-Dillon et R.L. Gregory, *Evolution of the Eye and Visual System*, Macmillan, 1991.

pour avoir besoin de “quelque chose” d'aussi perfectionné (...). C'est comme si “quelque chose”, dans la nature, incitait la structure “œil de vertébré” à se manifester même là où elle ne semble pas nécessaire, dans des phylums où il existe des ancêtres pourvus d'yeux différents donnant toute satisfaction[1]. » Laissons à Jean Staune la paternité de ces propos qui donnent des migraines et suscitent un prurit chez les « vrais » darwiniens...

Le deuxième concept est celui de *viviparité*, traditionnellement considérée comme le privilège des Mammifères qui mettent au monde des petits, et non des œufs. Or cette caractéristique est apparue maintes fois chez d'autres lignées évolutives de l'embranchement des Vertébrés, Poissons, Amphibiens ou Reptiles ; mais aussi en d'autres embranchements, comme chez des scorpions, des pucerons ou des coléoptères. Quant au sang chaud, il n'est pas davantage le privilège desdits mammifères, puisqu'on le rencontre aussi chez les requins et divers insectes. Tout se passe comme si les caractères mammaliens étaient apparus ici et là sur des lignées séparées[2].

Le troisième exemple est le plus connu : il s‘agit de l'évolution en parallèle des mammifères

---

1. *Au-delà de Darwin...*, *op. cit.*
2. Voir S. Conway Morris, *Life's Solution*, *op. cit.*

placentaires et des marsupiaux qui conservent leurs petits, accouchés très tôt, dans une poche abdominale. Le loup marsupial est tout à fait comparable au loup placentaire, et, plus étrange encore, les curieux tigres à dents de sabre ont existé sous les deux versions : marsupiale en Amérique du Sud, placentaire en Europe ; tous se sont éteints pour des raisons que nous expliciterons plus loin.

Dans le règne végétal, les convergences sont nombreuses. Ainsi celles qui entraînent un mode de vie parasitaire : cette tendance lourde apparaît chez des lignées évolutives complètement différentes et sans parenté aucune. Il y a manifestement une tendance à la vie parasitaire dans l'un et l'autre règne.

On n'en finirait pas de détecter les convergences dans les formes de feuilles. Le platane, l'érable et le ricin ont les mêmes feuilles à nervation palmée et à limbe découpé, à tel point que le platane courant est baptisé *Acerifolia*, c'est-à-dire « à feuilles d'érable » (*Acer* en latin est le platane). Pourtant, ces trois genres n'ont aucune affinité dans les classifications botaniques. Il en va de même des feuilles de l'hamamélis et du noisetier, si ressemblantes qu'il est impossible de différencier ces deux arbres tant qu'ils ne forment pas de fleurs et de fruits ; c'est alors seulement qu'on peut voir qu'ils appartiennent à des lignées évolutives très différentes. Même chose encore pour cet exemple bien connu de tous : les fruits du châtaignier et du marronnier sont verts et piquants, mais non homologues ; la châtaigne est un akène, donc un fruit, et le marron, une graine, le fruit étant la pulpe verte et piquante dont l'albédo interne brunit à l'air par oxydation des polyphénols.

Un autre exemple concerne deux plantes appartenant à des familles éloignées du point de vue de l'évolution des angiospermes. Nous les connaissons déjà : la première, *Eryngium Alpinum*, est le panicaut des Alpes, encore vulgairement appelé chardon bleu. Chacun croit y reconnaître en effet un chardon, avec ses feuilles piquantes et ses inflorescences en boule. Mais l'observation des petites fleurs regroupées en denses capitules (la boule) atteste qu'il ne s'agit nullement d'un chardon. Les chardons appartiennent à la famille des Composées de par l'architecture de leurs fleurs, alors que le panicaut appartient de par ses fleurs à celle des Ombellifères.

Or non seulement *Eryngium* ressemble à un vrai chardon, *Echinops,* déjà cité plus haut, lui aussi épineux et porteur de capitules en boule, mais cette convergence morphologique, déjà étonnante en soi, s'accompagne d'une convergence biochimique : *Eryngium* comme *Echinops* ont tendance à colorer de bleu ou de violet leurs inflorescences en boule. Ils fabriquent les mêmes colorants chimiques, la dérive évolutive ayant abouti dans ces deux lignées éloignées à des résultats semblables morphologiquement et chimiquement !

Enfin, argument massue en faveur des convergences : toutes les lignées évolutives ancestrales, seraient-elles très éloignées, « poussent » vers la formation d'ovules. On a vu dans la deuxième partie de cet ouvrage combien la démonstration de cette remarquable convergence est probante.

Ces phénomènes de convergence illustrent « quelque chose » qui pourrait faire penser à une « pression » évolutive s'exerçant en parallèle chez des lignées sans rapport direct entre elles, et aboutissant chez elles aux mêmes résultats. Ces convergences laisseraient supposer que l'évolution s'exercerait selon un arbre moins buissonnant qu'on ne le pensait, évoquant davantage un peuplier dont toutes les branches sont orientées vers le haut (parallélisme) plutôt qu'un chêne, ramifié en tous sens (divergence).

Mais qu'en est-il au juste de ces divergences entre lignées évolutives que semble refléter une richissime biodiversité où, si l'on n'y regarde pas de trop près, l'évolution semble bourgeonner en tous sens ? Surgit ici un autre concept : celui des *contraintes*.

Dès le début du XVIIIe siècle, séduit par les idées évolutionnistes qui commençaient à émerger, le naturaliste français Étienne Geoffroy Saint-Hilaire souligna les ressemblances entre tous les Vertébrés, dont l'organisme s'articule autour d'une colonne vertébrale, alors que la structure des Arthropodes est formée d'une série de segments, comme on le voit chez les Insectes. Il mit par là en évidence l'homologie entre les vertèbres et les segments. Poussant plus avant son raisonnement, il observa que la colonne vertébrale, située dans le dos des Vertébrés, contient la moelle épinière, alors que le système nerveux des Arthropodes est situé sur leur ventre. Il ajouta enfin que le squelette de ces derniers est extérieur, il enveloppe leur corps, alors que le nôtre est intérieur : c'est notre corps qui l'enveloppe. C'est ce qui se vérifie après la mort, lorsque l'insecte, quoique défunt, garde toute son apparence, dans la mesure où c'est son dedans qui s'est décomposé en premier : il est alors léger comme une plume et s'envole au moindre souffle. Chez les Mammifères, au contraire, la décomposition affecte d'abord les structures externes et respecte le dedans – d'où l'apparition puis la longue conservation des squelettes.

Le malheureux Geoffroy Saint-Hilaire peina à faire avaler ses observations à ses collègues de l'Académie des sciences. Ses étonnantes cogitations n'en aboutissent pas moins à un constat incontournable : certes, il y a bien évolution, mais elle module sur un certain nombre de types fondamentaux, archétypes structuraux durablement stables depuis l'émergence brutale de tous les embranchements du règne animal au début de l'ère primaire. Quels que soient l'importance et le nombre des mutations, et pourvu qu'elles ne soient pas létales pour ceux qui les subissent, elles ne modifieront pas ces structures archétypiques, même si elles modulent avec beaucoup d'imagination autour de leur thème.

Ce concept de *contraintes évolutives*, très contesté par les darwiniens de stricte obédience, a reçu le renfort du grand biologiste belge Christian de Duve, Prix Nobel. Pour lui, les structures des organismes oscillent autour de l'archétype, mais ne s'en éloignent jamais radicalement. Elles limitent dès lors les possibilités offertes par les mutations viables : lorsqu'une direction évolutive est prise, le champ offert aux mutations ultérieures se restreint, s'étroitise, et, finalement, l'évolution est canalisée dans une direction précise[1].

Cette conclusion rejoint les réflexions précédentes sur les convergences. Plus une lignée évolutive progresse dans un sens donné, moins les mutations pourront dévier le tir, car les structures précédentes limitent la variabilité des structures à venir. Seules seront conservées les mutations compatibles avec les structures déjà existantes, si elles

1. Christian de Duve, *À l'écoute du vivant*, Paris, Odile Jacob, 2002.

sont favorables. Mais la structure demeure. On cite à ce propos l'archétype des cristaux de neige : malgré l'immense diversité de leurs formes, ils sont toujours construits selon la structure unique d'une étoile à six branches. De la même manière, l'archétype de la plante supérieure est toujours la séquence « racine-tige-feuilles » : cet archétype, émergé avec la sortie de l'océan, il y a 430 millions d'années, n'a jamais été remis en question par l'évolution. Ce concept ne souffre d'exceptions que dans le cas d'une régression parasitaire qui dissout la structure chez les animaux comme chez les végétaux.

Étrangement, les grands archétypes animaux et végétaux sont tous apparus durant la première moitié de l'ère primaire. Dans le monde animal, les vingt-cinq embranchements de Métazoaires sont là depuis le Cambrien, et aucun grand embranchement nouveau n'est apparu depuis lors. Les plantes à cormus, construites autour de l'archétype racine-tige-feuilles, ont le même âge et sont toutes restées des cormophytes. La cellule eucaryote est un archétype encore plus ancien. Quant aux bactéries, elles représentent un archétype apparu il y a 3,5 milliards d'années au moins. Rappelons que les humains portent toujours, sur et dans leur corps, dix fois plus de bactéries que de cellules !

CHAPITRE 17

… où Lamarck repointe le bout de l'oreille

Si Darwin a admis, tout en en réduisant l'importance, l'hérédité des caractères acquis, ses partisans inconditionnels réfutent ce point de vue, le considérant comme une erreur de sa part : ils nient toute potentialité d'hérédité des caractères acquis. Cette capacité de transmission ne fait pourtant aucun doute, comme on l'a vu dans le monde des bactéries. Et il s'agit ici non seulement de transmission, mais bel et bien d'acquisition. En réponse à une modification de son environnement qui lui serait défavorable, la bactérie répond par une modification interne : elle rebâtit son ADN et peut même faire apparaître des gènes nouveaux qui coderont pour une nouvelle protéine. Du coup, son économie se trouve modifiée et ces modifications seront transmises à sa descendance, ainsi qu'à d'autres bactéries, le cas échéant, les bactéries pratiquant, on l'a vu, le « libre-échange » des gènes. La bactérie aura effectué un

« saut », elle aura introduit une discontinuité dans la chaîne des générations par cette réponse à une modification importante de son environnement, que les bactériologistes qualifient de « réponse SOS ».

Les bactéries sont donc lamarckiennes. Elles le sont même tout à fait, car confrontées à un environnement très défavorable elles accentuent les mutations qui leur permettront de maîtriser cette situation nouvelle. Ces mutations ne sont plus alors entièrement aléatoires, comme le voudrait la stricte doctrine darwinienne. Ainsi, chez des bactéries affamées, mises en présence d'un sucre que leur constitution génétique ne leur permet pas d'assimiler, faute d'enzymes appropriés, des mutations génétiques interviennent à des fréquences que ne peut plus expliquer le seul hasard : si les bactéries fabriquent les enzymes qui leur sont nécessaires, cela ne se produit que lorsqu'elles sont en situation de besoin.

Autre exemple : soit une bactérie, *Bacillus subtilis*, mise en présence d'une enzyme qui dépolymérise les constituants de sa paroi. Cette paroi disparaît alors et l'on obtient un bacille nu. Élevées dans un milieu nutritif liquide, ces cellules sans paroi se révèlent incapables de se diviser, et meurent sans descendance. En revanche, placées sur de la gélatine, elles se multiplient et acquièrent une nouvelle paroi identique à celle des bacilles de départ. Cultivée ensuite dans un milieu de consistance intermédiaire, la cellule nue se perpétue : la nudité est devenue chez elle un caractère héréditaire.

Auteur très contesté mais biologiste perspicace, Rupert Sheldrake admet qu'un schéma de ce type puisse se produire chez les oiseaux. Il écrit dans *L'Âme de la nature* : « Si un oiseau naît aveugle à la suite d'une défaillance génétique qui l'empêche de produire le pigment visuel dans sa rétine, il sera incapable de développer les instincts habituels de son espèce, lesquels dépendent de la vision. Il est probable que la plupart de ces oiseaux périssent jeunes. Il arrive toutefois, par un saut créatif, qu'un tel individu, pépiant pathétiquement, découvre la valeur de l'écho pour guider son vol. Le développement d'un tel schème de comportement par écholocalisation serait une réponse créative à la cécité. Elle ne serait toutefois pas codée dans le gène mutant, cause de cette cécité. Si notre oiseau était capable de se reproduire, sa descendance aveugle tendrait à développer plus rapidement le même schème d'écholocalisation, par résonance morphique[1]. Les oiseaux aveugles, capables de se

1. L'auteur entend par « résonance morphique » un concept qui n'appartient qu'à lui : c'est la capacité pour des individus d'acquérir de nouveaux comportements par réplication, même à distance, de comportements nouvellement acquis par d'autres individus et qui tendent ainsi à se propager. Dans ses ouvrages, il avance plusieurs exemples corroborant à ses yeux ce mécanisme.

déplacer par écholocalisation, bénéficieraient d'un avantage considérable la nuit ou dans les cavernes sombres. Favorisés par la sélection naturelle, ils donneraient naissance à une espèce nouvelle capable de vivre dans de telles cavernes et affichant des habitudes de comportement très différentes de celles de l'espèce mère. Ces oiseaux existent, à vrai dire : les martinets qui vivent dans les cavernes sombres d'Asie se meuvent à la manière des chauves-souris[1]. »

À l'appui de sa vision lamarckienne, Rupert Sheldrake cite les expériences de Waddington sur les mouches du vinaigre. Waddington soumet leurs œufs à des stress environnementaux, vapeur d'éther ou température élevée, et constate un développement anormal dans la morphologie de ces drosophiles. Les mouches anormales sont ensuite croisées entre elles, leurs œufs à nouveau soumis au stress, et ce, sur au moins vingt générations, voire davantage selon les expériences effectuées. Puis on croise les mouches anormales et on cesse de soumettre leurs œufs aux stress environnementaux. Ces œufs redonnent alors les anomalies caractéristiques.

Ces expériences ont été critiquées au même titre que le sort fait aux callosités présentes sur les genoux de fœtus de chameaux dont les ascendants,

---

1. Rupert Sheldrake, *L'Âme de la nature*, Éditions du Rocher, 1992.

en adoptant fréquemment la position à genoux, seraient tenus pour responsables. Pourtant, sur ce dernier point, Darwin vient à la rescousse des arguments lamarckiens lorsqu'il écrit : « Chacun sait qu'un travail pénible épaissit l'épiderme des mains, et lorsque nous voyons chez les enfants, longtemps avant la naissance, que l'épiderme est plus épais sur la paume des mains et la plante des pieds que sur toutes les parties du corps (...), nous sommes tout naturellement conduits à attribuer cela aux effets héréditaires de l'usage, ou d'une pression longtemps continuée. » Darwin était parfaitement conscient des effets induits par l'usage ou l'habitude répétés, à tel point que Francis Huxley, descendant de son ami Thomas Huxley, écrivit à son sujet : « En un sens, il aurait pu intituler son livre *L'Origine des habitudes* plutôt que *L'Origine des espèces* » !

Aux yeux des darwiniens actuels, l'erreur de Darwin est donc des plus graves. Ils la réfutent par des arguments qui rappellent la fameuse expérience de Weismann qui coupa les queues à des souris de vingt générations successives et constata que les progénitures naissaient toujours pourvues d'une queue. Plus parlant encore, si l'on peut dire, l'argument selon lequel, en dépit d'innombrables générations d'hommes circoncis à la naissance, Juifs et Arabes naissent toujours avec un prépuce...

J'étais personnellement enclin à faire miennes les interprétations néodarwiniennes mettant en cause le manque de rigueur de certains raisonnements et des expériences en faveur du lamarckisme. Dans un ouvrage remarquable et très documenté, Jean-Claude Ameisen, lui, revient sur les expériences de Waddington auxquelles il attache un certain crédit. À ses yeux, il semblerait exister une hérédité hors de la transmission des gènes selon le modèle classique de la sexualité. Le mécanisme en serait identique chez les plantes et les animaux[1].

Ameisen part de cellules d'un parent qui fabriquerait, à partir d'une séquence d'ADN non codante, donc ne portant aucun gène, de courtes molécules d'ARN. Ces microARN, abondamment dupliqués par copiages successifs, sont présents dans les cellules du parent, y compris ses cellules sexuelles. Ils sont donc transmis de génération en génération, avec pour effet d'inhiber tel ou tel gène. Le gène reste présent, mais devient inutilisable, et Ameisen de citer une expérience effectuée sur des lignées de souris ou de rats se distinguant à l'âge adulte par un degré d'anxiété plus ou moins important, mis en évidence par des tests comportementaux ou portant sur les capacités de mémorisation. Il n'a pas été possible d'imputer ces différences comportementales à une quelconque séquence d'ADN nucléaire particulière, à un gène de l'anxiété, en

1. Jean-Claude Ameisen, *Dans la lumière et les ombres. Darwin et le bouleversement du monde*, Paris, Fayard/Seuil, 2008.

quelque sorte. Comment expliquer alors ces différences ?

En 1999, Michael Meaney[1], de l'université de Montréal, a relancé la question pour tenter de trouver une explication satisfaisante. Il ressortit de ses expérimentations que les différences de comportements relevées – anxiété et mémorisation – correspondent à la quantité de récepteurs présents dans certaines régions du cerveau pour certaines hormones, dites hormones du stress. Meaney confie un souriceau nouveau-né de la lignée à comportement calme à une mère adoptive de la lignée à comportement anxieux, ou l'inverse. Parvenu à l'âge adulte, le nouveau-né manifeste un comportement identique à celui de sa mère d'adoption. Pour expliquer ce fait, on pense naturellement à l'environnement calme ou stressé dans lequel vivent les sujets. Mais il y a plus, puisque le caractère nouvellement acquis est transmissible. Lorsqu'il est acquis par une femelle, il est transmis à la descendance de celle-ci, de sorte que l'animal présente les caractéristiques de sa grand-mère d'adoption, et non celles de ses grands-parents génétiques. Il y a bien eu transmission d'un caractère acquis sans intervention d'ADN et aboutissant à de nouveaux comportements.

1. Michael Meaney et M. Szyf, « Maternal care as a model for experience-dependent chromatin plasticity ? », *Trends in Neurosciences*, 2005.

Ces découvertes récentes ont été confirmées et leur portée est considérable. La transmission des caractères « calme » ou « anxieux » chez les souris se produit non seulement lorsqu'elles sont prises en charge par une mère d'adoption, mais aussi lorsque cette mère d'adoption est une mère porteuse dans l'utérus de laquelle un embryon a été implanté. Dans ce cas, la mère est à la fois porteuse et d'adoption. Elle va transmettre à sa descendance des caractères non déterminés par l'ADN du génome du noyau qu'on a implanté dans son utérus.

Par là se trouve remise en question l'idée, communément admise, selon laquelle une mère porteuse serait un véhicule « neutre » pour un embryon, n'exerçant aucune influence sur lui dans la mesure où elle ne lui communique aucun gène. Dans ces expériences qui remontent à une décennie à peine, force est de constater une hérédité de caractères acquis non liée à une transmission sexuelle de gènes des parents aux enfants.

On ne saurait exclure que ces mécanismes s'appliquent aux plantes, et le fait a aussi pu être démontré concernant la formation de microARN, supports de cette forme d'hérédité encore mystérieuse. Nous ne sommes plus là tout à fait dans le néodarwinisme classique et mendélien, mais face à des processus autrement plus complexes dont l'avenir nous dira quels rôles ils ont joués et jouent encore dans les subtils processus de l'évolution. Faut-il y voir, comme le dit Atlan, chaud partisan des mécanismes d'autorégulation, « la fin du tout-génétique[1] » ?

Le « tout-génétique », c'est la ligne dure adoptée par le plus darwinien des darwiniens, Richard Dawkins, lequel écrit : « Les gènes sont à l'abri à l'intérieur de gigantesques robots, manipulant le monde en le contrôlant à distance. Les gènes sont en vous et en moi ; ils nous ont créés, corps et esprit ; et leur préservation est l'ultime raison de notre existence. » Et ajoute : « Pourquoi la vie ? Parce qu'elle assure la survie des gènes »[2].

Réduire la biologie à la toute-puissance des gènes revient à dénier ne serait-ce que l'ombre d'une once de liberté à la personne humaine. Chacun sait combien les chemins parcourus dans une vie, jalonnés de succès et d'épreuves, contribuent à l'élaboration d'une personnalité. Faire des gènes la seule et unique instance contrôlant tout, absolument tout ? Ce travers de la sociobiologie poussée à son paroxysme par Dawkins, pourtant très prisé dans les milieux anglo-saxons, dissout la notion de personne et ne conserve plus que celle d'individu, sorte de

1. H. Atlan, *La fin du tout-génétique ? Vers de nouveaux paradigmes en biologie*, INRA, « Science en question », 1998.

2. Richard Dawkins, *Le Gène égoïste*, Paris, Armand Collin, 1990.

machine savamment manipulée par ses gènes. Bien plus sage est ce propos de Jean-Claude Ameisen, auquel j'adhère sans réserve : « Ce qui est programmé, littéralement préécrit dans nos gènes, si tant est que l'emploi de tels mots ait un sens, ce n'est ni notre identité, ni notre avenir, c'est un ensemble de possibilités et de contraintes dont l'actualisation dépend en permanence de notre histoire et de notre environnement[1]. »

1. Jean-Claude Ameisen, *Dans la lumière et les ombres. Darwin et le bouleversement du monde*, *op. cit.*

CHAPITRE 18

Et l'environnement ?

La mort est rigidité ; la vie, souplesse. L'aptitude des êtres vivants à s'adapter à leur environnement est une des caractéristiques de la vie ; elle s'exerce aussi bien sur le plan physique que sur le plan psychologique. Être souple, c'est être capable de s'adapter. Cette adaptation ne s'exerce pas seulement par des mutations génétiques favorables et sélectionnées ; elle peut n'être qu'une réponse simple et réversible à des conditions environnementales variables.

Les euglènes, minuscules algues monocellulaires, s'adaptent à la présence ou à l'absence de lumière. Elles sont autotrophes, donc capables de faire la photosynthèse dans un milieu éclairé. Mais, dans l'obscurité, placées dans l'incapacité de réussir la photosynthèse, elles deviennent hétérotrophes, comme les animaux, se nourrissant d'aliments organiques prélevés dans le milieu. Cette « mixotrophie » acquise permet aux mutants dépourvus de chlorophylle de survivre. Il s'agit par ailleurs d'une adaptation réversible, les euglènes jouant sur les deux tableaux.

Les transformations de l'organisme liées aux modifications de l'environnement sont réversibles tant qu'elles ne sont pas génétiquement fixées par le mécanisme darwinien des mutations sélectionnées par le milieu. L'adaptation se manifeste alors par des modifications morphologiques réversibles, fonction du changement de milieu.

Le mouron d'eau *Veronica anagallis* présente deux aspects différents selon que la plante vit sur terre ou dans l'eau. Les individus terrestres ont des tiges larges et rampantes, des feuilles petites, un système radiculaire important. Dans l'eau, le mouron d'eau a des tiges dressées et velues, des feuilles minces mais beaucoup plus grandes, et un système radiculaire réduit à presque rien. La morphologie de ces deux variantes ne dépend que du milieu. Une tige de forme aquatique continue sa croissance dans l'air sous forme aérienne ; mise en terre, elle prend l'allure de la plante terrestre. La réversibilité est ici parfaite, car la plante terrestre, remise à l'eau, revêt la forme aquatique.

Le cas du genévrier commun, *Juniperus communis*, est éclairant. En montagne, les genévriers sont de petite taille, à tige rampante, tandis que les mêmes arbustes, en plaine, peuvent atteindre plusieurs mètres de haut. La différence est telle qu'on y voyait jadis deux espèces faisant du genévrier nain de montagne le *Juniperus nana*. Or, si on transplante en plaine des genévriers nains de montagne en y plantant de leurs graines, leurs descendants changent de forme et gagnent en hauteur. L'inverse aussi est vrai.

Le genévrier n'est pas seul dans son cas. Nombreuses sont les plantes de montagne qui, en plaine, sont de belle taille, mais qui, en haute altitude, adoptent une forme miniaturisée. Ces plantes naines sont protégées du gel par la couche de neige qui les recouvre en hiver, et de la violence du vent soufflant sur les sommets. Mais ici s'impose une distinction résultant des observations consécutives aux transplantations de plantes de montagne en plaine, et inversement. Pour certaines, la réversibilité est parfaite ; elles adoptent une forme ou l'autre selon l'altitude : ce sont les « accommodats ». Pour d'autres, il n'y a pas réversibilité, car le caractère, nain ou dressé, est génétiquement fixé ; on les nomme « écotypes ». Les accommodats ne sont pas génétiquement fixés ; les écotypes le sont.

L'exemple du cotonnier a déjà été signalé. Arbustif sous les climats chauds, il devient annuel en région tempérée. Quant à nous, humains, nous bronzons au soleil de la plage ou des sports d'hiver, et pâlissons au retour : la transformation est parfaitement réversible et ne met en œuvre aucun déterminisme génétique. L'homme et la plante s'adaptent simplement à leur environnement sans que leurs gènes interviennent.

L'adaptation à l'environnement peut être aussi génétiquement déterminée. Elle lie alors l'espèce à un milieu particulier. La belle anémone des Alpes arbore des fleurs blanches sur sol calcaire, jaunes sur sol granitique. Celle du sol calcaire transplantée sur sol granitique continue de produire des fleurs blanches, elle s'adapte, survit et conserve ses caractères initiaux. Celle du sol granitique portée sur sol calcaire dépérit et meurt : elle ne parvient pas à s'adapter. Les deux formes coexistent, la première ayant une capacité d'adaptation plus large que la seconde. Dans ces cas-là, l'adaptation s'effectue dans les limites du potentiel génétique. Il en va ainsi des espèces et des écotypes dont la souplesse adaptative est limitée. Les accommodats, en revanche, ont un potentiel adaptatif beaucoup plus large et présentent, selon les milieux, des formes très différentes et réversibles. On leur reconnaîtra une grande souplesse écologique liée à de faibles contraintes génétiques.

Les espèces largement répandues sur la planète comportent toujours des variantes régionales génétiquement déterminées, des écotypes ou races adaptés à leur environnement. Les races humaines, si tant est qu'on ait encore le droit de recourir à ce concept, répondent à ce constat : si un Blanc bronzé arbore un hâle réversible, il n'en va pas de même pour un Noir qui reste tel quel, quelle que soit la région où il réside. Dans ce cas, le déterminisme génétique contrôle la physiologie.

La fougère aigle (*Pteridium aquilinum*) est une des rares espèces à pousser dans le monde entier : elle est dite cosmopolite. En Europe, elle est adaptée aux sols granitiques des massifs hercyniens – Bretagne, Massif central, Vosges. Mais elle vit aussi sous l'équateur. Parfaitement semblables, ces fougères sont cependant adaptées à leur milieu, et non intervertibles. Un pied français transporté sous les tropiques ne parvient pas à s'y adapter, et meurt. Il en va de même pour un pied poussant sous l'équateur, qu'on transplante en Europe. Nous avons affaire là à deux races différentes adaptées à des climats différents, deux écotypes de même espèce, morphologiquement semblables. Si, comme on incline aujourd'hui à le penser, la nature de l'habitat, de la niche écologique, est un facteur déterminant pour caractériser les espèces, il existerait alors, selon ces vues, plusieurs espèces au sein du groupe des fougères aigles.

La variation peut aussi concerner des caractéristiques chimiques. L'amande douce et l'amande amère sont portées par des amandiers identiques. Mais certains sont capables d'élaborer des molécules contenant de l'acide cyanhydrique, et pas les autres. Ils appartiennent à deux races chimiques différentes.

Pour qui cultive des plantes médicinales, l'attention prêtée aux races chimiques est capitale. On sélectionnera les races les plus riches en substances actives, alcaloïdes ou huiles essentielles, par exemple.

La plasticité des organismes n'est pas le propre des seuls végétaux : on le constate dans les métamorphoses des insectes dont certaines sont très étonnantes. Mon collègue Francis Hallé rapporte le cas des chenilles du papillon *Nemoria arizonaria*, prédateur du chêne. Au printemps, avant l'apparition des feuilles, les chenilles se nourrissent de chatons et leur ressemblent morphologiquement, par mimétisme. En été, elles se nourrissent de feuilles et prennent l'allure de rameaux. La concentration en tanins contrôle le passage d'une forme à l'autre : les chatons sont pauvres, les feuilles plus riches en tanins. Cette métamorphose est ainsi contrôlée chimiquement et révèle la plasticité adaptative du papillon. Il ne s'agit pas là d'une métamorphose dirigée par des secrétions hormonales internes, comme chez tous les insectes ; chez *Nemoria,* un facteur externe, la teneur en tanins de l'organe du chêne dont elles se nourrissent, est l'élément déterminant contrôlant la forme de l'insecte[1].

---

1. Voir Francis Hallé, *Éloge de la plante*, *op. cit.*

La nature du sexe n'est pas non plus toujours fixée par les gènes. Chez les crocodiles ou les tortues, elle dépend de la quantité de chaleur reçue par l'œuf enterré ; c'est là une stratégie que connaissent les éleveurs de tortues qui enfoncent plus ou moins profondément les œufs dans le sol et obtiennent ainsi à volonté des mâles ou des femelles. La température d'incubation des œufs est ici le facteur déterminant.

Le biologiste Richard Lewontin a cité l'exemple de l'œil de la drosophile[1]. Il est formé de onze cents facettes lorsque l'incubation s'effectue à 15°C. À 30°, l'œil n'en présente plus que sept cent cinquante. Il existe, chez cette espèce, des mutants présentant des yeux avec un nombre réduit de facettes ; les variations de température d'incubation produisent chez eux les mêmes effets : les mutants à faible nombre de facettes en possédaient encore moins lorsque leurs œufs étaient incubés à 30°.

La quantité et la qualité de la nourriture disponible dans le milieu sont elles aussi des facteurs influant la détermination du sexe. Les prothalles des Prèles, on l'a vu, ne portent que des archégones dans un milieu riche. Dans un milieu pauvre et sec,

---

1. R. Lewontin, R. Steven et L.J. Kamin, *Not in Your Genes : Biology, Ideology and Human Nature*, New York Pantheon Books, 1984.

ils ne donneront que des anthéridies. C'est la nourriture, dans cet exemple, qui définit le sexe, non le déterminisme génétique.

La nourriture d'une abeille est déterminante pour son statut. Deux cellules-œufs génétiquement identiques emprunteront des chemins évolutifs différents en fonction de la pitance fournie par les ouvrières et des phéromones émises par les reines. Selon les variations de ces facteurs, l'embryon évolue vers une ouvrière petite, stérile, à courte longévité, ou vers une reine grande, fertile et susceptible de vivre dix ans, soit soixante-dix fois plus que l'ouvrière. Les mêmes gènes aboutissent chez ces abeilles à des individus totalement différents.

La sensibilité aux maladies ne dépend pas non plus du seul patrimoine génétique. Comme nous, les souris peuvent souffrir des maladies de Parkinson ou d'Alzheimer. Ces affections sont provoquées expérimentalement chez elles en leur injectant des molécules toxiques pour leurs cellules nerveuses, ou en introduisant dans leur ADN un gène humain déterminant de telles pathologies. Dans une animalerie, les souris ainsi rendues malades meurent toutes ensemble. Chez celles qu'on place dans un environnement modifié comportant une roue qu'elles peuvent faire tourner, ou un labyrinthe dans lequel elles mémorisent le chemin conduisant à leur nourriture, les maladies apparaissent beaucoup plus tard, voire pas du tout. C'est l'interaction de l'organisme avec un environnement riche et diversifié qui protège les souris malades – raison pour laquelle, par extension, on alerte les humains sur le risque qu'il y a à ne plus faire appel à ses capacités physiques ou psychiques à l'heure de la cessation d'activité. Malheur à qui espère profiter de sa retraite pour enfin ne plus rien faire ! Non entretenus par l'exercice, le corps et l'esprit se dégradent.

Si ces exemples n'étaient pas suffisamment convaincants pour mettre en lumière le rôle de l'environnement sur le développement et la vie des individus, le cas de l'Axolotl emporterait la conviction. Ce gros têtard vit dans l'eau, il possède des branchies et une nageoire dorsale. Or, il suffit de lui injecter dans l'hypothalamus une protéine, la thyroxine, pour le voir se transformer en une salamandre terrestre qui ne ressemble plus en rien à l'animal aquatique qu'il était. Cet animal ambigu vit au Mexique où il épouse les deux formes : il reste lui-même dans les lacs de montagne aux eaux froides et se transforme en salamandre dans les eaux chaudes. La température joue là un rôle déterminant en activant ou inhibant le ou les gènes impliqués dans cette métamorphose.

L'articulation du rôle des gènes et de l'environnement dans le développement embryonnaire ou plus tardif est un champ d'expérience très fréquenté par les chercheurs. Le fruit de cet hybride fertile entre la génétique et l'embryologie est nommé Evo-Devo (Évolution-développement).

L'histoire de l'axolotl évoque celle des têtards transformés en grenouilles. L'axolotl est une forme de type têtard, mais durable : une forme de jeunesse maintenue tout au long de la vie. L'adulte est un jeune qui conserve jusqu'à sa mort ses caractéristiques de jeunesse. Ce phénomène, appelé « néoténie », constitue un facteur d'évolution majeur.

Les scientifiques pensent que les Vertébrés descendraient d'un échinoderme, d'une larve d'holothurie ressemblant à une sorte de petite saucisse vivant dans l'océan. Elle possède en effet des caractères annonçant les Vertébrés : une symétrie bilatérale, comme les Poissons, et une bande ciliaire préfigurant un système nerveux. Cette larve est capable de se reproduire sexuellement sans atteindre à la maturité : elle est néoténique. Les Vertébrés seraient les descendants de cette larve néoténique qui « grille » le stade adulte de l'échinoderme, et nous serions, nous, humains, ses très lointains rejetons.

Comme dans cet exemple, une espèce peut éliminer de son ontogenèse le stade adulte de ses individus. Durablement jeune, elle conserve de vastes capacités évolutives que ne possèdent plus les formes adultes plus structurées. La plasticité d'un être vivant est d'autant plus grande qu'il est plus jeune. Comme on l'a vu en évoquant les thèses soutenues par Christian de Duve, une lignée est d'autant plus évolutive qu'elle est plus récente ; elle l'est d'autant moins qu'elle est plus âgée, donc déjà plus structurée. Durant la période du développement embryonnaire ou post-embryonnaire, la plasticité est maximale.

La biologie contemporaine évolue vers une redécouverte du rôle de l'environnement. Celui-ci stimule ou inhibe les gènes. Pour une cellule donnée, en effet, le génome ne détermine pas tout : les cellules contiguës du tissu dans lequel elle est immergée lui adressent des messages et des informations qui influent eux aussi sur son devenir.

Entre l'environnement et les gènes, le jeu est subtil. Il évoque l'éternel débat sur l'inné et l'acquis. L'interaction des facteurs est ici constante. La biologie se doit d'éviter le risque de n'exister qu'à travers les stricts déterminismes génétiques. Le « tout-gène » à la façon de Dawkins… me gêne !

CHAPITRE 19

Le jeu de la sélection naturelle

Corsetée dans des contraintes qui limitent son champ d'action, remise en question par des expériences de type lamarckien, moins déterminée par les gènes qu'il n'y paraît dès lors que l'environnement module les formes et les modes de vie, voici donc la sélection naturelle remise en question ou, plutôt : remise à sa place. Il serait vain de nier son rôle et la valeur des arguments avancés par Charles Darwin en sa faveur. Nous sommes tous darwiniens... mais plus ou moins seulement ! Bon nombre d'arguments en sens inverse remettent en cause l'universalité bénéfique du phénomène de la sélection.

Les premiers concernent le rythme de l'évolution. Depuis plus d'un siècle, les biologistes sondent les reins et les cœurs de la petite mouche du vinaigre, la drosophile. Elle est l'espèce fétiche des biologistes moléculaires et son aptitude à muter fait l'objet de toutes les attentions. On a découvert, fossilisées dans de l'ambre rejeté sur les plages de la Baltique, des drosophiles vieilles de 50 millions d'années et pourtant en tout point semblables à celles d'aujourd'hui. La sélection naturelle aurait-elle oublié de s'exercer sur elles ?

Les blattes détiennent elles aussi un record. Bien qu'ayant habité des milieux fort divers, jusqu'aux siphons sales de nos éviers aujourd'hui, elles n'ont pas changé depuis la fin de l'ère primaire, il y a 250 millions d'années ! Les botanistes s'étonnent de même de la longévité spécifique du Ginkgo, ce conifère antique inchangé depuis l'ère secondaire. Doit-on conclure que de telles espèces, que Pierre-Paul Grasset, le grand zoologiste français aujourd'hui disparu, appelait « panchroniques », n'offriraient aucune prise à la sélection naturelle ? Pourquoi de telles divergences dans le rythme de l'évolution, au point que certaines espèces se perpétuent, quasiment inchangées au fil du temps ? On y distinguerait bien, peut-être, de minimes changements ; mais tout de même, d'autres ont évolué bien plus vite !

Plus étrange encore, l'évolution excessive de certains organes qui finissent par nuire à l'individu qui en est porteur – ce qu'on nomme « hypertélie ». Chacun connaît l'alkékenge *Physalis alkekengi*, encore joliment baptisé coqueret ou « amour en cage », parce que ses jolies baies rouges restent enfermées, à maturité, dans un organe en forme de lampion orangé. Voilà qui ne favorise guère la dissémination du fruit par les animaux qui le consomment. Si cette ornementation constitue un avantage, quel est-il au juste ? Comment expliquer qu'elle n'existe que chez cette espèce ? À quoi peut bien servir cet organe superflu ? Et si c'est un inconvénient, comment se fait-il que les alkékenges de mon jardin se portent aussi bien ? À moins que l'espèce soit en voie d'extinction sous mes yeux…

Dans le monde animal, l'hypertélie est tout aussi problématique. Les tipules sont des diptères montés sur de longues pattes simulant des échasses. Des expériences ont montré que ces insectes ont tout intérêt à ce qu'on leur raccourcisse les pattes : ils gagnent alors en mobilité et en adresse. Pourtant, ils n'ont guère changé depuis des millions d'années et semblent s'en bien porter.

Toujours chez les Insectes, voici les stupéfiants Membracides. Yves Paccalet nous offre une étonnante promenade photographique dans l'univers étrange des hémiptères, ces bizarres bestioles aux formes déroutantes[1]. Vivant dans les forêts équatoriales d'Amérique du Sud, elles sont pourvues

1. Yves Paccalet, *Minimonstres, chefs-d'œuvre de biodiversité*, avec des photographies de Patrick Landmann, Paris, Éditions Jean di Sciullo, 2009.

d'extraordinaires extensions sur leur thorax, souvent en forme de boules. Ces protubérances sont creuses et leur volume dépasse souvent, et de beaucoup, celui du corps de l'insecte. Si l'on élimine ces organes bizarrement surnuméraires, il ne se passe rien, et l'hémiptère poursuit tranquillement son existence. Serait-ce qu'ils ne servent à rien ? Si oui, pourquoi la sélection naturelle ne les a-t-elle pas éliminés ? En revanche, s'ils sont utiles, pourquoi leur ablation n'est-elle suivie d'aucun effet ?

Les tigres à dents de sabre et les élans irlandais ont eu moins de chance que les tipules ou les Membracides : ils ont disparu. Les premiers, résultat de la sélection naturelle – mais est-ce bien elle ? –, furent dotés de dents monstrueuses en forme de longues lames effilées, recourbées sous la bouche, que l'animal fût marsupial ou placentaire (puisque ces tigres, on l'a vu, ont évolué selon les deux lignées parallèles). De fines études ont montré que ces dents étaient moins avantageuses pour leur porteur que les solides canines pointues des autres tigres. Ces derniers plantent leurs canines dans la chair de leurs proies et les tuent. Recourbé et encombrant, le sabre était plus difficile à manier. Il appert en outre qu'il n'était vraiment efficace que lorsque le degré d'ouverture de la mâchoire était assez large. Équipés de ces armes tranchantes, ces félins ne pouvaient tuer que de grosses proies, à l'inverse des panthères, par exemple, qui tuent pêle-mêle les petites et les grandes. De surcroît, il fallait une grande précision pour utiliser efficacement ces armes redoutables mais peu maniables. Il est tellement plus simple, pour un tigre « normal », d'utiliser ses griffes et ses crocs ! En définitive, qu'ils soient marsupiaux ou placentaires, les tigres à dents de sabre ont disparu.

L'élan irlandais a connu le même sort. La taille de ses bois était sans doute, pour le mâle, seul porteur de cet ornement, un atout positif dans la conquête des femelles. Mais lorsque, après les glaciations, le climat des régions tempérées se réchauffa et que se reconstituèrent les forêts, ce qui avait été un avantage est devenu un gros inconvénient. Se prenant dans le bois des arbres, les bois de l'élan paralysaient son aptitude à fuir ses prédateurs. C'est le scénario aujourd'hui imaginé pour expliquer la disparition récente de cette espèce[1]. Tigre à dents de sabre et élans empêtrés à cause de leurs bois, ces espèces hyperspécialisées ont fini par perdre toute capacité adaptative, l'évolution de l'un de leurs organes finissant par les condamner.

Ne devons-nous pas, nous, humains, nos immenses capacités adaptatives au fait que notre organisme est

---

1. J.M. Pelt et F. Steffan, *La Raison du plus faible*, Fayard, 2009.

resté « généraliste », peu spécialisé ? Chez nous, ce serait plutôt le cerveau qui serait hypertélique, nous conduisant, par nos découvertes et nos innovations technologiques, à peser toujours plus sur notre environnement, quitte à le dégrader et à nous mettre nous-mêmes en danger.

Darwin avait perçu le risque des adaptations extrêmes à des milieux ultra spécialisés. C'est alors que le danger d'extinction devient le plus menaçant. Pourtant, dans *L'Origine des espèces*, il écrit : « Comme la sélection naturelle travaille uniquement par et pour le bien de chaque être, tous les individus corporels et mentaux tendront à progresser vers la perfection. » La loi de la perfection maximale et de l'adaptation parfaite liée à la sélection est contredite dans les cas d'hypertélie.

Le panchronisme et l'hypertélie sont vigoureusement remis en question par nombre de darwiniens, au point que ces termes et les concepts qu'ils recouvrent ont disparu de leur vocabulaire. Ils risqueraient de remettre en cause le caractère en soi forcément bénéfique de la sélection. Mais que dire alors de l'étrange palmier des Seychelles ?

Typiquement hypertélique, ce palmier légendaire, aux graines obèses et obscènes, fut découvert sur l'île de Praslin en 1768 par l'expédition Marion Dufresne. Il en reste environ quatre mille exemplaires sur les 45 kilomètres carrés de l'île de Praslin et sur sa petite voisine, l'île de Curieuse. Les plus âgés dépassent, pense-t-on, huit cents ans et peuvent atteindre jusqu'à 35 mètres de hauteur. Les fruits de ce grand palmier peuvent peser plus de 20 kilos. Lorsqu'ils tombent à terre après être restés suspendus pendant plusieurs années sur le stipe, ils font courir à ceux qui les contemplent un risque bien plus considérable que celui qu'encourut Newton en regardant tomber une pomme !

La graine est une énorme noix bilobée dont les deux lobes sont soudés comme des frères siamois. Sa forme très suggestive lui a valu la dénomination irrévérencieuse de « cul-de-négresse » ou de « coco-fesse », d'où l'expression « cucul la Prasline » tirée du nom du duc de Praslin, secrétaire d'État à la Marine de Louis XV, qui les admira sur l'île qui porte son nom. Le coco-fesse est une curiosité très appréciée des visiteurs des Seychelles. La germination de ces graines est spectaculaire, et l'énorme « noix » devient exhibitionniste et provocante lorsque le germe très phallique émerge de la touffe de poils marquant la commissure de ses deux lobes. Trop lourdes pour flotter lorsqu'elles sont jeunes, les noix n'acquièrent cette faculté qu'après avoir perdu toute possibilité de germer. Aucun palmier des Seychelles n'a jamais germé sur les littoraux lointains où leurs graines, devenues stériles, ont pu atterrir, aux Maldives, par exemple, où les courants marins finissent par les transporter. Ignorant leur origine, on y a baptisé ce palmier *Loïdocea maldivica*.

Le palmier des Seychelles est condamné par l'hypertélie de ses graines à se maintenir là où il est, sans aucune possibilité de dissémination. À l'inverse, les noix de coco, emportées par les courants, ont colonisé l'ensemble des littoraux et des îles des régions chaudes du globe, conservant longuement leur pouvoir germinatif en mer, réussissant la performance de voguer sur des centaines, voire des milliers de kilomètres.

Au cours du dernier siècle, le palmier des Seychelles, victime d'une récolte intempestive de ses noix par les touristes, a beaucoup décliné. Afin de le protéger, la récolte est désormais strictement réglementée et fait l'objet d'un monopole d'État. Autre protection : la vallée de Mai, à Praslin, a été classée au patrimoine mondial de l'humanité par l'Unesco.

Par sa taille, son poids et sa forme, la graine de ce palmier a perdu toute capacité de se disséminer, serait-ce par voie terrestre et à modeste distance de l'arbre qui la produit. De par sa forme aplatie, le fruit ne peut en effet dévaler les pentes et reste prosaïquement au pied de son géniteur. Autre handicap que ne partagent pas les noix de coco que l'on voit rouler sur les plages…

L'observation des cycles des parasites reste désarmante pour qui tente, comme mon éminent collègue Claude Combes, de ne les interpréter qu'à la lumière de la sélection naturelle. Quoi de plus simple que le mode de vie d'un ver solitaire enfermé à vie dans l'intestin de son hôte et compensant les affres de la solitude par la capacité de s'autoféconder, puisqu'il est hermaphrodite ? Mais quoi de plus compliqué que l'incroyable cycle de la grande douve du foie, autre parasite, heureusement rare, de notre propre espèce ? Les douves *Fasciola hepatica* vivent à l'état adulte dans les canaux biliaires d'un mouton. Elles sont aplaties et se repaissent du sang de leur hôte. La fécondation se fait par accouplement ventro-ventral entre deux individus, ou par autofécondation, car elles aussi sont hermaphrodites. Les œufs sont émis vers l'extérieur par les canaux biliaires, puis par les excréments. Un embryon cilié, joliment appelé miracidium, se forme dans l'œuf. Lâché dans le milieu extérieur au bout de quelques semaines, ce miracidium nage et se fait absorber par un mollusque gastéropode, une sorte d'escargot de l'espèce *Limnea truncatula*, la limnée. Il pénètre dans les voies respiratoires du mollusque et se transforme en un tissu peu différencié, le sporocyste, qui donne naissance à une nouvelle forme intermédiaire nantie d'un tube digestif, la rédie. Ces rédies envahissent le foie du mollusque où elles donnent à leur tour naissance à de nouvelles formes intermédiaires, différentes des précédentes, les cercaires. Ces cercaires vont être lâchés dans le milieu extérieur très humide par la bave de la limnée. Aussitôt, ils s'enkystent et deviennent des métacercaires. Ceux-ci sont absorbés par les ovins, s'amollissent dans leur intestin et donnent de jeunes douves qui vont migrer vers le foie. Et le cycle de repartir, fort de cette surprenante série de formes : micracidium, sporocyste, rédies, cercaires, métacercaires et douves adultes !...

Nombreux sont les parasites qui ont ainsi complexifié leurs cycles en multipliant, parfois davantage encore que la douve, le nombre de leurs hôtes et de leurs formes intermédiaires. Pourquoi faire simple quand on peut faire compliqué ? Comment la sélection naturelle s'y est-elle prise pour favoriser à ce point ce que le ténia résout de la manière la plus simple ? Et comment a-t-elle pu, si elle intervient sur chaque séquence du processus, les imbriquer dans le bon ordre, ordonner les séquences en enchaînant les maillons dans la bonne direction ?

Deux autres questions se posent. Si la sélection doit adapter de mieux en mieux les êtres vivants à leur milieu de vie, comment se fait-il que des êtres primitifs persistent aux côtés de descendants plus récents et plus complexes ? Dans les forêts tropicales, la fougère aigle, malgré son système de reproduction archaïque, coexiste avec les Angiospermes, pourtant sexuellement plus évoluées qu'elle.

Quant aux bactéries, elles n'ont nullement souffert de la concurrence des animaux et des végétaux supérieurs, venus beaucoup plus tard sans les gêner apparemment le moins du monde. Bien plus, elles ont trouvé dans la cohabitation avec eux de nouveaux habitats et de nouvelles opportunités, par exemple lorsqu'elles peuplent nos intestins. Si certains groupes anciens sont en régression, d'autres, comme ceux des Bactéries et des Fougères, précisément, sont, comme l'attestent les fossiles, aussi présents et aussi vigoureux que leurs ancêtres de l'Archéen ou de l'ère primaire.

Dans les forêts équatoriales chaudes où les conditions environnementales n'ont pas significativement changé depuis plus de cent millions d'années, coexistent plus de 50 000 espèces d'arbres différents. Comment se fait-il que ceux dont les fleurs apparaissent comme étant les plus évoluées, assurant un maximum de protection à la cellule femelle, n'ont nullement éliminé les autres, moins bien lotis ? Les Magnoliacées, qui portent leurs ovaires sur un cône pointu particulièrement exposé aux prédateurs, sont toujours là, identiques à leurs fossiles de l'ère secondaire. Ces questions demeurent ouvertes.

Pourtant, bien des biologistes utilisent l'expression « sélection naturelle » comme un tic de langage. Il n'est pas rare de lire un article scientifique consacré à ces questions sans qu'apparaissent de façon réitérative des expressions du type : « grâce à la sélection naturelle », ou : « par la sélection naturelle ». Il m'arrive alors de m'interroger : l'auteur a-t-il bien réfléchi ? comment peut-il à la fois exposer le cycle de la douve du foie et y introduire le concept de sélection naturelle comme en étant le moteur, ou du moins le seul moteur ?

Décidément, la sélection a bon dos, et aux yeux du botaniste il paraît improbable, pour ce qui concerne les plantes à fleurs, qu'elle ait joué un rôle décisif dans l'extraordinaire efflorescence de leurs architectures florales. Dès lors que toutes sont adaptées à la pollinisation par le vent ou par les insectes, toutes se perpétuent sans être triées par la sélection.

C'est là une opinion autorisée, sinon absolument certaine. S. J. Gould, l'un des meilleurs spécialistes de l'évolution et sans doute un des plus convaincants, résolument darwinien – encore qu'il soit en désaccord avec Darwin sur des points essentiels comme le caractère graduel de l'évolution, lui-même pensant qu'elle procède par sauts –, se pose les mêmes questions que nous. Il écrit : « Les étapes importantes de l'évolution, la construction du "bauplan" (plan de construction) lui-même, et la transition entre les "bauplans", doivent impliquer certains mécanismes inconnus et peut-être internes[1]. » De fait, c'est bien de mécanismes internes qu'il s'agit lorsque s'élaborent à foison les plans architecturaux chez les plantes, et davantage encore lorsqu'on les

1. S.J. Gould, *La Structure de la théorie de l'évolution*, *op. cit.*

voit protéger obstinément et toujours plus efficacement leurs gamètes femelles.

Ernst Mayr[1], autre grand spécialiste de l'évolution, mort il y a peu, à cent ans, partageait ce même point de vue lorsqu'il considérait que les différences entre espèces, souvent utilisées pour leur classement en systématique, ne sont pas forcément le résultat de la sélection naturelle. Mayr était un néodarwinien convaincu, mais, comme Gould, plus pondéré que certains zélateurs de la « Doctrine » pour qui, comme disait Dennet, la sélection naturelle est « l'idée la plus géniale de tous les temps ».

Il est hors de question de nier la sélection naturelle, mais, vis-à-vis de ce concept, deux positions sont possibles. Pour les uns, la sélection naturelle explique tout. Si un phénomène semble difficile à interpréter à la lumière de ce concept, c'est que notre entendement est limité. Nous serions sourds et aveugles. Pour d'autres, dont je suis, la sélection naturelle, théorie certes recevable, n'explique pas tout. D'autres mécanismes interviennent en parallèle, comme nous avons essayé de le montrer ; et il est probable que certains d'entre eux nous échappent encore totalement. À la recherche de poursuivre avec audace et ambition sa tâche exaltante.

---

1. E. Mayr, *La Biologie de l'évolution*, Paris, Hermann, 1991.

CONCLUSION

Ce périple dans les subtiles arcanes de l'évolution nous inspire un sentiment de grande modestie. Mais aussi des sentiments révérencieux à l'égard du grand naturaliste que fut Charles Darwin. En insistant sur la « descendance avec modification », modification adaptative par le tri effectué sur les variations spontanées par la sélection naturelle, il a mis en lumière l'un des mécanismes incontournables de l'évolution. Plus d'un siècle et demi après sa disparition, nombreux sont les biologistes qui, en matière d'évolution, s'en tiennent là. Pourtant, bien des faits nouveaux ont été archivés depuis lors par la science, et bien des questions se posent toujours.

Nul scientifique ne songerait à remettre en question le mécanisme de la sélection naturelle. Celui-ci, comme on dit, agit toujours et partout. Plus exactement, partout où des variations positives se manifestent par suite de mutations aléatoires. Mais, à suivre les pertinentes démonstrations du grand biologiste japonais Motoo Kimura[1], il apparaît que la plupart des mutations sont neutres du point de vue de la sélection naturelle. Celle-ci n'exerce aucune prise sur elles dès lors qu'elles ne sont ni avantageuses, ni désavantageuses. Pour lui, les secondes sont plus fréquentes que les premières, et entraînent la disparition des individus qui les portent.

Le présent ouvrage a eu pour objet d'explorer de nouvelles pistes à la lumière de l'évolution des plantes. Ce thème est resté étranger aux grands débats sur l'évolution, les botanistes s'étant toujours tenus à l'écart, sur ce point, de leurs collègues zoologistes, tout absorbés qu'ils étaient par le souci de classer au mieux les espèces formant le monde touffu des plantes, en particulier des plantes à fleurs.

L'évolution des plantes met en évidence un mécanisme constant d'associativité par adjonction de « tuniques » successives au gamète femelle dont la protection s'en trouve améliorée. Ce mécanisme se déploie, des algues monocellulaires les plus primitives aux plantes à fleurs les plus évoluées, de la microscopique bactérie aux subtiles orchidées. Chez les dernières venues dans l'arbre de l'évolution, ce

1. *Théorie neutraliste de l'évolution*, Paris, Flammarion, 1990.

n'est pas moins de six « tuniques » qui enveloppent le gamète femelle par une sorte de jeu de poupées gigognes, emboîtées les unes dans les autres et abritant en leur centre la précieuse cellule femelle, investie de la mission de perpétuer la vie. L'addition d'enveloppes successives autour du gamète femelle n'est nullement incompatible avec le concept de sélection naturelle.

L'ébauche d'une cavité protectrice interne, d'un « dedans » que se construisent les plantes à fleurs en élaborant un pistil, ne semble toutefois pas toujours dissuasive pour un prédateur de bonne taille, lorsque ce pistil est de taille modeste : l'herbivore en aura vite eu raison. La solution adoptée par les animaux vivipares est assurément plus performante. La colchique s'en inspire, qui protège son pistil en l'enfouissant dans un ventre – mais c'est le ventre de la terre. Et, pour parfaire son dispositif protecteur, elle sécrète un alcaloïde toxique, la colchicine, qui dissuade l'herbivore de la brouter.

Pourtant, l'évolution des végétaux ne s'est pas orientée en ce sens-là. Si l'on comprend bien le rôle qu'elle joue dans le passage de l'arbre à l'herbe, et du climat chaud aux climats tempéré et froid, c'est donc avec un léger bémol qu'on abordera son influence sur l'élaboration par associativité des « tuniques » successives. D'autres facteurs interviennent peut-être pour expliquer le parallélisme des lignées évolutives finissant par tendre toutes vers ce résultat, même si beaucoup d'entre elles s'arrêtent en cours de route. Telle est la conclusion qui s'impose pour ce qui concerne, par exemple, l'apparition de l'ovule, puis de la graine : une progressivité de l'évolution qui semble obéir à des facteurs internes encore inconnus. Car l'évolution persiste et signe toujours dans le même sens, elle ne revient jamais en arrière : il n'y a jamais eu de plantes à fleurs dans l'ascendance d'une fougère, et aucun mammifère n'est jamais devenu un reptile ou un amphibien. Quand celle-là ou celui-ci régresse, c'est par régression parasitaire. Jamais autrement !

Plus surprenantes encore, les étranges évolutions cycliques qui parcourent plusieurs lignées de plantes à fleurs chez qui l'évolution semble tourner en rond. C'est ce qui apparaît dans des lignées évoluées comme les Composées ou les Euphorbiacées. Le principe d'associativité joue toujours pour reconstituer des ensembles floraux, mais à partir d'un mouvement antérieur de simplification et de miniaturisation des fleurs constitutives de ces nouveaux ensembles. Il est difficile, dans ces cas de figure, d'invoquer le rôle des seuls hasard et sélection naturelle. D'autres facteurs semblent intervenir, mais lesquels ?

Le principe d'associativité se confirme dans les étroites symbioses que représentent des êtres tels que les Lichens et les Coraux, où des espèces différentes lient si étroitement leur destin qu'elles finissent par ne plus pouvoir se passer l'une de l'autre, à la vive perplexité de leurs observateurs qui les prennent pour des espèces comme les autres. Or ce sont des êtres doubles, associant deux ou plusieurs espèces distinctes qui les constituent.

La vie n'est pas non plus une « lutte à mort » entre individus pour survivre, comme l'affirmait Thomas Huxley, qualifié de « bouledogue » par son ami Darwin tant il forçait le trait quand il traitait des rudes compétitions entre êtres vivants. Il se montra moins attentif que ne le fut Darwin lui-même aux coopérations pourtant à l'œuvre dans la nature, telles que les a décrites un contemporain de Darwin, le Russe Kropotkine qui consacra un livre aux mécanismes d'entraide dans le monde vivant[1]. Mais Kropotkine était russe et, à cette époque, le monde était déjà anglo-saxon. Il ne fut donc guère lu, et ses vues n'enrichirent point le débat engagé autour de l'œuvre de Darwin. Lequel avait d'ailleurs parlé d'« amour entre les animaux », rejoignant par là une antique intuition, celle d'Aristote, le grand philosophe grec, qui avait observé que « les animaux ne sont pas tous en guerre entre eux ; il en est qui sont amis ».

Darwin fut un fervent admirateur de Newton près duquel il repose à l'abbaye de Westminster. D'après

1. P. Kropotkine, *L'Entraide, un facteur de l'évolution*, Paris, Écosociété, coll. « Retrouvailles », 2001.

les mouvements d'un pendule, Newton avait démontré le principe de la gravitation universelle. C'était pour lui la preuve incontournable – la *vera causa* – de sa théorie. Darwin, lui, est parti de la sélection artificielle des animaux domestiques, qui l'avait beaucoup impressionné, comme la *vera causa* de la sélection naturelle. Aujourd'hui, l'œuvre de Newton, toujours valable, s'est réinscrite dans des théories plus larges intégrant la relativité d'Einstein et la physique quantique. Il est à souhaiter qu'il en aille de même, dans le futur, pour le darwinisme, appelé à s'inscrire un jour dans une théorie plus complète, pas encore esquissée aujourd'hui, qui prendra en compte de nouveaux paramètres et débouchera alors sur un nouveau paradigme. Newton disait aussi : « Nous sommes des nains juchés sur des épaules de géants. » Darwin fut un de ces géants ; les scientifiques contemporains perchés sur ses épaules ont pour mission de regarder plus avant et d'accumuler de nouvelles données. Il apparaîtra alors, comme le disait Haldane, un des grands théoriciens des origines de la vie, que « la réalité n'est pas simplement plus étrange que nous ne le pensions, mais [qu']elle est plus étrange que nous ne pouvions l'imaginer ».

Balayant sans état d'âme aucun les absurdités du créationnisme anglo-saxon, reconnaissons à Darwin le mérite d'avoir donné de l'épaisseur au concept d'évolution, déjà présent à son époque, et d'avoir élaboré une première synthèse grâce aux informations disponibles en son temps. Reconnaissons lui aussi une personnalité attachante, telle qu'elle apparaît à travers son autobiographie, ainsi que le mérite d'avoir posé une des pierres angulaires de la biologie moderne.

Le principe d'associativité exposé dans cet ouvrage me paraît en être une autre. Partout, d'un bout à l'autre de l'histoire de l'univers et de la vie, l'additivité crée de la complexité et de la nouveauté. C'est sur cet immense potentiel d'innovation que la sélection effectue *a posteriori* son tri. L'additivité crée, la sélection trie. Les deux principes ne s'excluent pas, ils se complètent. On regrettera que cette idée reste étrangère à la biologie moderne, alors qu'elle est si évidente. Trop évidente, peut-être, pour avoir été remarquée ?

Aux darwinistes de stricte obédience, on rappellera la phrase du physicien Richard Feynman : « Ce qui n'est pas entouré d'incertitude ne peut être vérité[1]. » C'est aussi, avec quelque nuance, la position de l'épistémologue Karl Popper qui distinguait la science véritable des constructions intellectuelles interprétatives des faits, surtout lorsque celles-ci sont quelque peu « tirées par les cheveux », ce qui advient lorsqu'on prétend à tout prix imputer à la sélection naturelle, et à elle seule, la responsabilité

1. Cité par J.C. Ameisen, *Dans la lumière et les ombres. Darwin et le bouleversement du monde*, *op. cit.*

de la totalité des faits évolutifs. Espérons donc, pour le futur, plus de souplesse autour des deux déterminismes majeurs de la biologie : le génétique et le sélectif. D'autres paramètres doivent être pris en compte, en particulier l'embryogenèse des formes, qui ne seraient pas exclusivement dues au double jeu des mutations aléatoires et de la sélection. Les formes révèlent l'existence de structures fondamentales que la sélection naturelle ne peut remettre radicalement en cause : ainsi de l'organisation de la fleur et de celle des Vertébrés. De ce point de vue, l'évolution semble peu ou prou « canalisée », selon un point de vue soutenu par le Prix Nobel Christian de Duve.

Mais qu'en est-il de la pédagogie ? À consulter les manuels scolaires mis entre les mains de nos lycéens, on regrettera l'évanescence des concepts fondateurs des sciences naturelles basées sur l'observation de la nature sur le terrain. À la sortie du lycée, voire de la faculté, saura-t-on distinguer un hêtre d'un chêne, à une époque où l'on ne parle partout que de biodiversité ? Charles Darwin fut un très fin observateur, comme tous ses ouvrages l'attestent. C'est par l'observation qu'il a nourri sa vie de scientifique. La vision moderne des sciences naturelles telle qu'elle se reflète dans les programmes officiels, beaucoup trop chargés à mes yeux, est plus mécaniste ; elle laisse peu de place au questionnement, à l'esprit critique, donnant le sentiment que tout est connu. Surtout, ces programmes faits de thématiques successives sans lien entre elles, comme en quelque sorte on compose une mosaïque, ne permettent pas d'accéder à une vision historique de l'évolution sur le très long terme. Une telle vision globale fait défaut à notre pédagogie actuelle (c'est d'ailleurs ce même reproche que l'on adresse à bon droit à l'enseignement de l'histoire), ce qui prive l'élève du bonheur de contempler l'immense élan de la nature et de la vie, des origines à nos jours. Comptons sur les enseignants en science de la vie et de la terre pour le leur insuffler. Car le rôle des enseignants est d'être des éveilleurs, non des répétiteurs...

Une dernière remarque s'impose. La culture biologique contemporaine postule implicitement l'équation : évolution = Darwin = athéisme. Il est exact que Darwin fut athée à la fin de sa vie, au grand désespoir de son épouse. Une évolution personnelle que l'on comprend aisément quand on sait qu'à son époque les textes de la Bible, le récit de la Genèse en particulier, étaient pris au pied de la lettre. L'exégèse biblique n'a commencé à poindre qu'à la toute fin du XIXe siècle, malgré quelques essais antérieurs, et s'est surtout développée au long du XXe siècle. Elle part d'une idée simple : le récit de la Genèse s'inscrit et doit être lu dans le contexte culturel de ses auteurs. Or le contexte culturel de l'époque était nourri par les grands mythes des civilisations mésopotamiennes. Ces mythes gardent, à travers les siècles, toute leur valeur symbolique, mais sont à accueillir pour ce qu'ils sont : des récits porteurs de sens. À son époque, Darwin ne pouvait accéder à cette manière de voir. L'équation qui marque notre culture, de l'évolution à Darwin et de Darwin à l'athéisme, doit donc être réinterprétée à la baisse. Darwin n'a pas inventé le concept d'évolution, et être évolutionniste ne postule pas d'être athée.

D'âge en âge, la question du sens reste posée, à laquelle la science n'a pas pour objet de répondre, comme l'explicite si bien S.J. Gould, darwinien et athée, mais parfaitement ouvert aux croyances de ceux qui ne partagent pas son opinion. À ses yeux, le domaine de la science et celui de la religion coexistent dans l'autonomie propre à chacun d'eux et sans contradiction. C'est la théorie du non-recouvrement des magistères (NOMA en anglais), selon laquelle science et religion représentent deux domaines distincts qui ne se chevauchent pas et ne se contredisent pas. La religion et les grands mythes traitent du « pourquoi » de la question du sens. La science nous explique le « comment » des choses, comment fonctionne la nature. Deux domaines complémentaires qui ne s'excluent pas.

J'ai tenté, dans cet ouvrage, de débarrasser le darwinisme de sa forte empreinte idéologique, de ses présupposés et de ses rigidités, tout en conservant l'incontournable spécificité de ses apports. D'autres acquis viendront, dans le futur, enrichir nos vues sur l'évolution, qui reste à mes yeux aussi mystérieuse que l'est la vie elle-même. Épousons ce mystère dans toute sa grandeur, et gardons intact, pour les générations futures, l'art de s'émerveiller devant la beauté de la vie et du monde.

INDEX DU MONDE ANIMAL

INDEX DU MONDE VÉGÉTAL

INDEX DES NOMS DE PERSONNES

BIBLIOGRAPHIE

Ouvrages de botanique

BONNIER Gaston, *Flore complète de France, de Suisse et de Belgique*, Neufchâtel-Paris-Bruxelles, Librairie générale de l'enseignement, 1934.

BOTINEAU Michel, *Botanique systématique et appliquée des plantes à fleurs*, Cachan, Lavoisier, « Tec & Doc », 2010.

BOULLARD Bernard, *Dictionnaire de botanique*, Paris, Ellipses, 1988.

BOURNERIAS Marcel et BOCK Christian, *Le Génie des végétaux : des conquérants fragiles*, Paris, 2006.

CHADEFAUD Marius, *Les Végétaux non vasculaires. Traité de botanique systématique*, Paris, Masson, 1960.

CORNER Edred John Henry, *La Vie des plantes*, Paris, Bordas, 1971.

CUNY Jean-Pierre et PELT Jean-Marie, *L'Aventure des plantes*, séries télévisées 1 et 2, consultable sur Internet, site INA (Institut national de l'audiovisuel) TF1, 1982, 1986.

EMBERGER Louis, *Les Végétaux vasculaires. Traité de botanique systématique*, fascicules 1 et 2, Paris, Masson, 1960.

EMBERGER Louis, *Les Plantes fossiles dans leurs rapports avec les végétaux vivants*, Paris, Masson, 1968.

FOURNIER Paul, *Les Quatre Flores de France*, Paris, Dunod, nouvelle édition, 2000.

GOUYON Pierre-Henri (sous la direction de), *Aux origines de la sexualité*, Paris, Fayard, 2009.

HALLÉ Francis, *Éloge de la plante. Pour une nouvelle biologie*, Paris, Seuil, 1999.

– (sous la direction de), *Aux origines des plantes*. T. 1 : *Des plantes anciennes à la botanique du XXe siècle*, Paris, Fayard, 2008.

HALLÉ Francis et LIEUTAGHI Pierre (sous la direction de), *Aux origines des plantes.* T. 2 : *Des plantes et des hommes*, Paris, Fayard, 2008.

MABBERLEY David John, *The Plant-Book. A Portable Dictionary of the Higher Plants*, Cambridge University Press, 1987.

MANGENOT Georges, *Données élémentaires sur l'angiospermie*, Annales de l'université d'Abidjan, série E, VI, fascicule 1, 1973.

PELT Jean-Marie, *Évolution et sexualité des plantes*, Horizon France, 1970 ; 2e édition, 1975.

–, *Les Plantes : amours et civilisations végétales*, Paris, Fayard, 1980.

–, *La Vie sociale des plantes*, Paris, Fayard, 1984.

–, *Mes plus belles histoires de plantes*, Paris, Fayard-France Inter, 1986.

–, *Plantes en péril*, Paris, Fayard, 1997.

RAYNAL-ROQUES Aline, *La Botanique redécouverte*, Paris, INRA-Belin, 1994.

LE TACON François et VALK Pierre, *Émile Gallé, l'amour de la fleur*, Nancy, Éditions Place-Stanislas, 2008.

TUTIN T.G., *et al.*, *Flora Europea*, Cambridge University Press, 1964.

Bibliographie

Ouvrages récents traitant de l'évolution

(Les ouvrages étrangers sont cités dans leur édition française)

AMEISEN Jean-Claude, *Dans la lumière et les ombres. Darwin et le bouleversement du monde*, Paris, Fayard/Seuil, 2008.

ARNOULD Jacques, *Requiem pour Darwin*, Paris, Salvator, coll. « Forum », 2009.

CHALINE Jean *et al.*, *Les Cycles de l'évolution*, Paris, Hachette, 2000.

CHAUVIN Rémy, *Le Darwinisme ou la Fin d'un mythe*, Monaco, Éditions du Rocher, 1997.

COMTE Fernand, *Dieu et Darwin. Débat sur les origines de l'homme*, Paris, JC Latès, 2008.

COSTA Patrice, *Une nature et ses hommes. Les chemins de la biodiversité*, Épinal, Visuel Création Éditions, 2010.

DARWIN Charles, *L'Origine des espèces au moyen de la sélection naturelle ou la Lutte pour l'existence dans la nature*, Paris, La Découverte, 1989.

DAWKINS Richard, *Le Gène égoïste*, Paris, Armand Collin, 1990.

DE DUVE Christian, *À l'écoute du vivant*, Paris, Odile Jacob, 2002.

DELSOL Michel *et al.*, *L'Évolution biologique en vingt propositions*, Paris, Vrin, 1991.

DENNET Daniel, *Darwin est-il dangereux ?*, Paris, Odile Jacob, 2000.

DENTON Michael, *Évolution : une théorie en crise*, Paris, Champs/Flammarion, 1992.

L'Évolution, Paris, Belin, « Bibliothèque pour la science », 1980.

« Le mystère de l'évolution », *Éveil et évolution*, 1er semestre 2007.

L'Évolution, quelle histoire !, numéro hors série du journal *Le Monde* consacré à Charles Darwin, avril-mai 2009.

GOULD Stephen Jay, *La Structure de l'évolution*, Paris, Gallimard, 2006.

GRASSÉ Pierre-Paul, *L'Évolution du vivant*, Paris, Albin Michel, 1973.

JACOB François, *Le Jeu des possibles*, Paris, Fayard, 1981.

KIMURA Motoo, *Théorie neutraliste de l'évolution*, Paris, Flammarion, 1990.

MARGULIS Lynn, *L'Univers bactérien*, Paris, Seuil, 2002.

MARTIN-LAGARDETTE Jean-Luc, *Évolution et finalité. Darwin, Monod, Dieu*, Paris, L'Harmattan, 2009.

MAYNARD Smith J. et SZATHMARY E., *The Major Transitions in Evolution*, Oxford University Press, 1997.

MAYR Ernst, *La Biologie de l'évolution*, Paris, Hermann, 1981.

–, *La Biologie, une science pas comme les autres*, Paris, Dunod, 2006.

MILLS Cynthia L., *La Théorie de l'évolution… et pourquoi ça marche (ou pas),* Paris, Dunod, « Quai des Sciences », 2005.

MONOD Jacques, *Le Hasard et la Nécessité*, Paris, Seuil, 1970.

MONTENAT Christian, PLATEAUX Luc et ROUX Pascal, *Pour lire, la création, l'évolution*, Paris, Éditions du Cerf, 2007.

PACCALET Yves, *Le Grand Roman de la vie*, Paris, JC Latès, 2009.

PELT Jean-Marie, *De l'univers à l'être. Réflexions sur l'évolution*, Paris, Fayard, 1996.

–, *La Raison du plus faible*, Paris, Fayard, 2009.

SHELDRAKE Rupert, *L'Âme de la nature*, Paris, Albin Michel, 2001.

–, *Une nouvelle science de la vie*, Éditions du Rocher, 2003.

STAUNE Jean, *Au-delà de Darwin. Pour une autre vision de la vie*, Jacqueline Chambon, Actes Sud, 2009.
TORT Patrick, *Dictionnaire du darwinisme et de l'évolution*, Paris, PUF, 1996.
–, *Pour Darwin*, Paris, PUF, 1997.
TRINH Xuan Thuan, *Les Voies de la lumière. Physique et métaphysique du clair-obscur*, Paris, Fayard, 2007.
WILSON Edward, *La Sociobiologie*, Monaco, Éditions du Rocher, 1987.

DU MÊME AUTEUR

Les Médicaments, collection «Microscosme», Le Seuil, 1969. *Évolution et sexualité des plantes*, Horizons de France, 2e édition, 1975 (épuisé).

L'Homme renaturé, Le Seuil, 1977 (grand prix des lectrices de *Elle*. Prix européen d'Écologie. Prix de l'académie de Grammont), réédition 1991.

Les Plantes : amours et civilisations végétales, Fayard, 1980 (nouvelle édition revue et remise à jour, 1986).

La Vie sociale des plantes, Fayard, 1984 (réédition, 1985).

La Médecine par les plantes, Fayard, 1981 (nouvelle édition revue et augmentée, 1986).

Drogues et plantes magiques, Fayard, 1983 (nouvelle édition).

La Prodigieuse Aventure des plantes (avec J.-P. Cuny), Fayard, 1981.

Mes plus belles histoires de plantes, Fayard, 1986.

Le Piéton de Metz (avec Christian Legay), éd. Serpenoise, Presses universitaires de Nancy, Dominique Balland, 1988.

Fleurs, Fêtes et Saisons, Fayard, 1988.

Le Tour du monde d'un écologiste, Fayard, 1990.

Au fond de mon jardin (la Bible et l'écologie), Fayard, 1992.

Le Monde des plantes, Le Seuil, collection «Petit Point», 1993.

Une leçon de nature, L'Esprit du temps, diffusion PUF, 1993.
Des légumes, Fayard, 1993.
Des fruits, Fayard, 1994.
Paroles de nature, Albin Michel, 1995.
Dieu de l'Univers, science et foi, Fayard, 1995.
Les Langages secrets de la nature, Fayard, 1996.
De l'univers à l'être, réflexions sur l'évolution, Fayard, 1996.
Plantes en péril, Fayard, 1997.
Le Jardin de l'âme, Fayard, 1998.
Plantes et aliments transgéniques, Fayard, 1998.
La Plus Belle Histoire de plantes (avec M. Mazoyer, T. Monod et J. Girardon), Le Seuil, 1999.
La Cannelle et le Panda, Fayard, 1999.
La Terre en héritage, Fayard, 2000.
Variations sur les fêtes et les saisons, Le Pommier, 2000.
À l'écoute des arbres, photographies de Bernard Boullet, Albin Michel Jeunesse, 2000.
La vie est mon jardin. L'intégrale des entretiens de Jean-Marie Pelt avec Edmond Blattchen, émission *Noms de Dieux*, RTBF/Liège, Alice Éditions, diffusion DDB, Belgique, 2000.
Robert Schuman, père de l'Europe, éd. Conseil général de la Moselle et Serge Domini, 2001.
Les Nouveaux remèdes naturels, Fayard, 2001.
Les Épices, Fayard, 2002.
L'Avenir droit dans les yeux, Fayard, 2003.
La Loi de la jungle (en collaboration avec Franck Steffan), Fayard, 2003.
Dieu en son jardin, Desclée de Brouwer, 2004.
La Solidarité chez les plantes, les animaux, les humains (en collaboration avec Franck Steffan), Fayard, 2004.
Les Vertus des plantes, Éditions du Chêne, 2004.
Nouveau tour du monde d'un écologiste (en collaboration avec Franck Steffan), Fayard, 2005.
Après nous le déluge? (avec Gilles-Éric Séralini), Flammarion-Fayard, 2006.

Ces plantes que l'on mange, Éditions du Chêne, 2006.
C'est vert et ça marche! (en collaboration avec Franck Steffan), Fayard, 2007.
La Beauté des fleurs et des plantes décoratives, Éditions du Chêne, 2007.
Nature et spiritualité (en collaboration avec Franck Steffan), Fayard, 2008.

Photocomposition Nord Compo
Villeneuve-d'Ascq

Pour l'éditeur, le principe est d'utiliser des papiers composés de fibres naturelles, renouvelables, recyclables et fabriquées à partir de bois issus de forêts qui adoptent un système d'aménagement durable.
En outre, l'éditeur attend de ses fournisseurs de papier qu'ils s'inscrivent dans une démarche de certification environnementale reconnue.

CET OUVRAGE
A ÉTÉ ACHEVÉ D'IMPRIMER
SUR ROTO-PAGE
PAR L'IMPRIMERIE FLOCH
À MAYENNE EN DÉCEMBRE 2010

Dépôt légal : janvier 2011
N° d'imprimeur : 78419
36-57-0757-9/01
Imprimé en France